"十四五"职业教育国家规划教材　　　新形态立体化精品系列教材

计算机组装与维护立体化教程

微课版 | 第3版

赖作华 边振兴 / 主编

U0177008

人民邮电出版社

北 京

图书在版编目（CIP）数据

计算机组装与维护立体化教程：微课版 / 赖作华，
边振兴主编. -- 3版. -- 北京：人民邮电出版社，
2021.8

新形态立体化精品系列教材

ISBN 978-7-115-56273-9

Ⅰ. ①计… Ⅱ. ①赖… ②边… Ⅲ. ①电子计算机－
组装－教材②计算机维护－教材 Ⅳ. ①TP30

中国版本图书馆CIP数据核字(2021)第056829号

内 容 提 要

本书主要讲解计算机基础知识、选配计算机硬件、组装计算机、设置 BIOS 和硬盘分区、安装操作系统和常用软件、构建虚拟计算机配装平台、备份与优化操作系统、维护计算机、诊断与排除计算机故障等知识。本书最后还安排了综合实训，可以进一步提高学生对计算机组装与维护知识的应用能力。

本书采用项目式并分任务进行讲解，每个任务主要由任务目标、相关知识和任务实施 3 部分组成，然后进行强化实训。每个项目最后还配有课后练习，并根据每个项目的内容设置了相关的技能提升。本书着重于对学生动手能力的培养，将场景引入课堂教学，让学生提前进入工作角色。

本书可作为职业院校计算机应用技术专业以及相关专业的教材，也可作为计算机初学者的上机辅导用书和计算机培训班教学用书，还适用于办公人员以及对计算机感兴趣的广大读者。

◆ 主　　编　赖作华　边振兴
　　责任编辑　马小霞
　　责任印制　王　郁　彭志环

◆ 人民邮电出版社出版发行　　北京市丰台区成寿寺路 11 号
　　邮编　100164　　电子邮件　315@ptpress.com.cn
　　网址　https://www.ptpress.com.cn
　　三河市君旺印务有限公司印刷

◆ 开本：787×1092　1/16
　　印张：13.5　　　　　　　　2021 年 8 月第 3 版
　　字数：331 千字　　　　　　2025 年 2 月河北第13次印刷

定价：49.80 元

读者服务热线：(010)81055256　印装质量热线：(010)81055316
反盗版热线：(010)81055315

前言 PREFACE

　　根据现代教育教学的需要，我们于 2014 年组织了一批优秀的、具有丰富教学经验和实践经验的作者团队编写了本套"新形态立体化精品系列教材"。

　　教材进入学校已有 6 年时间，在这段时间里，我们很庆幸这套教材能够得到广大老师的认可；同时我们更加庆幸，很多老师在使用本套教材的同时，给我们提出了宝贵的建议。为了让本套教材更好地服务于广大老师和同学，我们根据一线老师的建议，分别对教材进行了多次修订和改版。本次改版后的教材拥有"内容更新""技术更新"和"实用性更强"等优点。同时本书在教学方法、教学内容、平台支撑和教学资源 4 个方面体现出自己的特色，更加适应现代的教学需要。

教学方法

　　本书按照"情景导入→课堂知识→项目实训→课后练习→技能提升"5 段教学法，将职业场景、软件知识、行业知识有机整合，各个环节环环相扣，浑然一体。

- **情景导入**：本书以日常办公中的场景展开，以主人公的实习情景模式为例引入本项目教学主题，让学生了解相关知识点在实际工作中的应用情况。教材中设置的主人公如下。

　　米拉：职场新进人员，昵称小米。

　　洪钧威：人称老洪，米拉的直接领导，职场的引入者。

- **课堂知识**：具体讲解与本项目相关的各个知识点，并尽可能通过实例、操作的形式将难以理解的知识展示出来。在讲解过程中，穿插有"知识补充"和"操作提示"小栏目，以提升学生的软件操作技能，拓宽知识面。

- **项目实训**：结合课堂知识以及实际工作需要进行综合训练。因为训练注重学生的自我总结和学习能力，所以在项目实训中，我们只提供适当的操作思路及步骤提示供参考，要求学生独立完成操作，充分训练学生的动手能力。

- **课后练习**：结合本项目内容给出难度适中的练习题和上机操作题，让学生强化和巩固所学知识。

- **技能提升**：以本项目讲解的知识为主导，帮助有需要的学生深入学习相关的知识，达到融汇贯通的目的。

教学内容

　　本书的教学目标是循序渐进地帮助学生掌握组装与维护计算机的方法，并能使用计算机完成工作和学习上的各种任务。全书共 10 个项目，可分为以下 5 个方面的内容。

- **项目一～项目二**：主要讲解计算机的基础知识，包括认识常用计算机、熟悉计算机硬件、熟悉计算机软件、选配计算机硬件等知识。

- **项目三～项目五**：主要讲解组装计算机的相关知识，包括装机准备、组装一台计算机、设置 UEFI BIOS、硬盘分区、格式化硬盘、安装 Windows 操作系统、安装驱动程序、安装与卸载常用软件等操作。

● **项目六~项目七：**主要讲解优化计算机的相关知识，包括创建和配置虚拟机、在VM中安装 Windows 10、利用 Ghost 备份操作系统、备份与还原注册表、优化操作系统等操作。

● **项目八~项目九：**主要讲解维护计算机的相关知识，包括日常维护计算机、维护计算机安全、了解计算机故障、排除计算机故障等知识。

● **项目十：**主要利用 4 个实训来巩固本书的所有知识，进行一次综合练习。

教材特色

根据现代职业院校的教学方向和教学特色，我们对本书的编写体系做了精心的设计，本书具有以下特点。

（1）立德树人，提升素养

党的二十大报告提出"全面贯彻党的教育方针，落实立德树人根本任务，培养德智体美劳全面发展的社会主义建设者和接班人"。本书精心设计，因势利导，依据专业课程的特点采取了恰当方式自然融入工匠精神、创新思维等元素，体现爱国情怀，培养学生的创新意识，将"为学"和"为人"相结合。

（2）校企合作，双元开发

本书由学校教师和企业工程师共同开发。由企业提供真实项目案例，由常年深耕教学一线，有丰富教学经验的教师执笔，将项目实践与理论知识相结合，体现了"做中学，做中教"等职业教育理念，保证了教材的职教特色。

（3）精选案例，产教融合

全书以情境导入，将职业场景、软件知识、行业知识有机整合，帮助学生牢固掌握计算机组装与维护相关的基础知识，强化实训，并旨在融会贯通，提高学生的实际应用能力。

（4）创新形式，配备微课

本书为新形态立体化教材，针对重点、难点，录制了微课视频，可以利用计算机和移动终端学习，实现了线上线下混合式教学。

平台支撑

人民邮电出版社充分发挥在线教育方面的技术优势、内容优势、人才优势，潜心研究，为读者提供一种"纸质图书 + 在线课程"配套，全方位学习计算机组装与维护的解决方案。读者可根据个人需求，利用图书和"微课云课堂"平台的在线课程进行碎片化、移动化的学习，以便快速全面地掌握计算机组装与维护的相关知识。

扫描封面上的二维码或直接登录"微课云课堂"（www.ryweike.com）→用手机号码注册→在用户中心输入本书激活码（e72b72d1），将本书包含的微课资源添加到个人账户，获取永久在线观看本书微课视频的权限。

此外，购买本书的读者还将获得一年期价值 168 元的 VIP 会员资格，可免费学习 50 000 个微课视频。

教学资源

本书的教学资源包括以下 3 方面的内容。

- **模拟试题库**：包含丰富的关于计算机组装与维护的相关试题，包括选择题、填空题、判断题、简答题和上机题等多种题型，读者可自动组合出不同的试卷进行测试。
- **PPT 课件和教学教案**：包括 PPT 课件和 Word 文档格式的教学教案，以便老师顺利开展教学工作。
- **拓展资源**：包含教学演示动画、组装计算机的高清彩色图片等。

特别提醒：上述教学资源可访问人民邮电出版社人邮教育社区（http://www.ryjiaoyu.com/）搜索书名下载。

本书涉及的所有案例、实训、讲解的重要知识点都提供了二维码，读者只需要用手机扫码即可查看对应的操作演示，以及知识点的讲解内容。方便读者灵活运用碎片时间，即时学习。

本书由赖作华、边振兴主编，虽然编者在编写本书的过程中倾注了大量心血，但恐百密之中仍有疏漏，恳请广大读者不吝赐教。

编　者
2023 年 5 月

目录 CONTENTS

项目三　组装计算机　70

项目四　设置 BIOS 和硬盘分区　90

项目五　安装操作系统和常用软件　109

项目六　构建虚拟计算机配装平台　128

项目九　诊断与排除计算机故障　180

项目十　综合实训　201

项目一
了解计算机

情景导入

老洪：米拉，公司最近招聘了一批新员工，需要给他们每人配备一台计算机。

米拉：好的，具体需要配备台式机、笔记本电脑、一体电脑、平板电脑中的哪一种呢？

老洪：公司需要配备台式的兼容机，你还有什么疑问，可以直接问我。

米拉：对于计算机的了解我最多算刚入门，老洪，你给我讲解一下计算机的基础知识吧！

老洪：那好，我就先给你详细讲解常用计算机、计算机软件和计算机硬件的相关知识。

学习目标

- 熟悉常用计算机
- 熟悉计算机硬件
- 熟悉计算机软件

技能目标

- 通过拆卸一台计算机来进一步认识计算机中的各种硬件
- 进一步掌握计算机的各种软、硬件基础知识

素质目标

- 培养职业道德，树立对未来的职业愿景

任务一　认识常用计算机

　　自1946年第一台计算机问世以来，计算机先后经历了电子管、晶体管、中小规模集成电路，以及大规模和超大规模集成电路4个发展时代。现在，计算机作为办公和家庭的必备用品，早已和人们的生活紧密相连。

一、任务目标

　　通过本任务的学习，读者可以熟悉计算机的各种类型，以及各种类型计算机的特征。

二、相关知识

现在通常所说的计算机主要是指个人计算机（Personal Computer，PC），俗称电脑。市面上常用的计算机主要有台式机、笔记本电脑、一体电脑和平板电脑4种类型，下面分别介绍其相关知识。

（一）台式机

台式机也称为台式电脑，是一种各功能部件相对独立的计算机。相较于其他类型的计算机，其体积较大，一般需要放置在桌子或专门的工作台上，因此命名为台式机。多数家用和办公用的计算机都是台式机，图1-1所示为常见的台式机。

图1-1　台式机

1. 台式机的特性

台式机具有以下特性。

● **散热性**：台式机的机箱具有空间大和通风条件好的特点，因此具有良好的散热性，这是笔记本电脑所不具备的。

● **扩展性**：台式机主板的光盘驱动器插槽有4~5个，硬盘驱动器插槽有4~5个，非常方便日后用户对硬件进行升级。

● **保护性**：台式机能够全方面保护硬件，减少灰尘的侵害，而且具有一定的防水性。

● **明确性**：台式机机箱的开关键和重启键，以及USB（Universal Serial Bus，即通用串行总线）和音频接口都在机箱前置面板中，用户使用更为方便、明确。

2. 台式机的类型

台式机通常又分为品牌机和兼容机两种类型。品牌机是指有注册商标的整台计算机，是专业的计算机生产公司将计算机配件组装好后进行整体销售，并提供技术支持及售后服务的计算机。兼容机则是指根据用户要求选择配件，由用户或第三方计算机公司组装而成的计算机，具有较高的性价比。下面对两种计算机进行比较。

● **兼容性与稳定性**：每一台品牌机出厂前都经过了严格测试（通过严格且规范的工序和手段进行检测），因此其稳定性和兼容性更有保障，很少出现硬件不兼容的现象。而兼容机是在成百上千种配件中选取其中的几个组成的，无法保证其兼容性。所以在兼容性与稳定性方面，品牌机更具有优势。

● **产品搭配灵活性**：产品搭配灵活性是指配件选择的自由程度，这方面兼容机具有品牌机不可比拟的优势。如果用户对装机有特殊要求，如根据专业应用需要突出计算机某一方面的性能，就可以自行选件或在经销商的帮助下，根据自己的喜好和要求来选择硬件并组装。而品牌机的生产数量往往都是数以万计的，绝对不可能因为个别用户的要求专门为其变更配置生产一台"定制"的品牌机。

- **价格**：在价格上，同等配置的兼容机往往要比品牌机便宜几百元，主要是因为品牌机的价格包含了正版软件的捆绑费用和厂商的售后服务费用。另外，购买兼容机还可以"砍价"，比购买品牌机更实惠。
- **售后服务**：部分用户最关心的往往不是产品的性能，而是产品的售后服务。品牌机的服务质量毋庸置疑，一般厂商都提供 1 年上门、3 年质保的服务，并且有免费技术支持电话，以及 12 / 24 小时紧急上门服务。而兼容机一般只有 1 年的质保期，且键盘、鼠标和光驱这类易损产品的质保期只有 3 个月，也不提供上门服务。

（二）笔记本电脑

笔记本电脑（NoteBook）也称手提电脑或膝上型电脑，是一种体积小、便于携带的计算机，通常重 1~3kg。根据市场定位，笔记本电脑又分为游戏本、轻薄本、二合一笔记本、超极本、商务办公本、影音娱乐本、校园学生本和创意设计 PC 等类型。

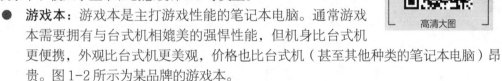

扫一扫

高清大图

- **游戏本**：游戏本是主打游戏性能的笔记本电脑。通常游戏本需要拥有与台式机相媲美的强悍性能，但机身比台式机更便携，外观比台式机更美观，价格也比台式机（甚至其他种类的笔记本电脑）昂贵。图 1-2 所示为某品牌的游戏本。
- **轻薄本**：轻薄本的主要特点为外观时尚轻薄，性能出色，使用户的办公学习、影音娱乐都能有出色体验，使用更随心。图 1-3 所示为某品牌的轻薄本。

图1-2　游戏本　　　　　　　　　　图1-3　轻薄本

- **二合一笔记本**：二合一笔记本兼具了传统笔记本与平板电脑二者的综合功能，可以当作平板电脑或笔记本电脑使用。图 1-4 所示为某品牌的二合一笔记本。
- **超极本**：超极本（Ultrabook）是英特尔（Intel）公司定义的全新品类的笔记本产品，"Ultra"的意思是极端的，"Ultrabook"是指极致轻薄的笔记本产品，中文翻译为超极本，其集成了平板电脑的应用特性与电脑的性能。图 1-5 所示为某品牌的超极本。
- **商务办公本**：顾名思义，商务办公本是专门为商务应用设计的笔记本电脑，特点为移动性强、电池续航时间长、商务软件多。图 1-6 所示为某品牌的商务办公本。

图1-4　二合一笔记本　　　　　　　　　　图1-5　超极本

<table>
<tr><td>知识
补充</td><td colspan="1">二合一笔记本和超极本的区别</td></tr>
</table>

知识补充	**二合一笔记本和超极本的区别** 　　超极本有可能是二合一笔记本，二合一笔记本一定是超极本。二合一笔记本是超极本的进阶版，但配置比超极本低一点，支持触控操作。如果是用于办公或普通游戏，可以选购超极本，如果仅仅是为了满足看电影、浏览网页、听音乐等娱乐需求，则只需购买二合一笔记本。

- **影音娱乐本**：影音娱乐本在游戏、影音等方面的画面效果和流畅度比较突出，有较强的图形图像处理能力和多媒体应用能力，多拥有较为强劲的独立显卡和声卡（均支持高清），并有较大的屏幕，为娱乐消遣型产品。图1-7所示为某品牌的影音娱乐本。

图1-6　商务办公本　　　　　　　　　　图1-7　影音娱乐本

- **校园学生本**：校园学生本的性能与普通台式机相差不大，主要针对学生使用，几乎拥有笔记本电脑的所有功能，但各方面都比较均衡，且价格更加便宜。图1-8所示为某品牌的校园学生本。
- **创意设计PC**：创意设计PC（Creator PC）是Intel发布的一种全新笔记本电脑类型，针对的是平面设计、影视剪辑等相关人群。其配置支持高分辨率显示和广色域／高动态范围，并能够为视觉媒体编辑播放提供准确的颜色，用于满足创意设计人员通过外部传输设备快速轻松传输大型数据及文件的需求。图1-9所示为某品牌的创意设计PC。

图 1-8　校园学生本　　　　　　　　　图 1-9　创意设计 PC

（三）一体电脑

一体电脑是由一台显示器、一个键盘和一个鼠标组成的具备高度集成特点的自动化机器设备。一体电脑的主板通常与显示器集成在一起，只要将键盘和鼠标连接到显示器上，一体电脑就能使用。

1.　一体电脑的优点

一体电脑具有以下优势。

- **简洁无线：** 具有简洁的线路连接方式，只需要一根电源线就可以实现计算机的启动，减少了音箱线、摄像头线、视频线繁杂交错的线路等。
- **节省空间：** 比传统分体台式机更小巧，一体电脑可节省最多 70% 的桌面空间。
- **超值整合：** 同价位拥有更多功能部件，集摄像头、无线网卡、音箱、蓝牙、耳麦等于一身。
- **节能环保：** 更节能环保，耗电仅为传统台式机的 1/3，且电磁辐射更小。
- **潮流外观：** 简约、时尚的外观设计，更符合现代人对节约空间、审美的要求。

2.　一体电脑的缺点

但是，一体电脑也存在一些缺点，如若出现接触不良或其他问题，就必须拆开显示器后盖进行检查，因此维修很不方便；把硬件都集中在显示器中，导致散热较差，而元件在高温下又容易老化，因而使用寿命较短；多数配置不高，且不方便升级，故实用性不强。

3.　一体电脑的类型

目前市场上通常按照用途和功能特点将一体电脑划分为以下 5 种类型。

- **家用一体电脑：** 家用一体电脑主要用于家庭环境，因此，对功能的要求不太高，通常与普通台式机的性能相近，其主要特点就是外形美观大方，不会占用太多空间，且能对空间和环境起到一定的美化作用，如图 1-10 所示。
- **商用一体电脑：** 商用一体电脑除了具备家用一体电脑的外观和性能特点外，最重要的特点是故障率低，且支持上门服务。
- **触控一体电脑：** 触控一体电脑的显示屏具备触摸控制功能，与平板电脑的屏幕类似，因此，这种类型的一体电脑的性能和价格更高，如图 1-11 所示。

图 1-10　家用一体电脑　　　　　　　图 1-11　触控一体电脑

- **DIY 一体电脑**：DIY（Do It Yourself）是自行组装的意思，这种类型的一体电脑类似于台式电脑中的兼容机，需要由个人或组织自行购买硬件并将这些硬件组装成一体电脑。
- **智能桌面一体电脑**：智能桌面一体电脑是一种多人平面交互模式的一体电脑，智能桌面可以水平放置，多个用户可直接通过触摸方式进行操作。

（四）平板电脑

平板电脑（Tablet Personal Computer）是一款无需翻盖，没有键盘，功能完整的计算机。其构成组件与笔记本电脑基本相同，以触摸屏作为基本的输入设备，允许用户通过触控笔或人的手指而不是传统的键盘或鼠标来进行作业。

1. 平板电脑的优点

平板电脑具有以下特点。

- **便携移动**：比笔记本电脑体积更小，且更轻。
- **功能强大**：具备手写识别输入功能，以及语音识别和手势识别能力。
- **特有的操作系统**：不仅具有普通操作系统的功能，而且普通计算机兼容的应用程序都可以在平板电脑上运行。
- **译码**：编程语言不宜于手写识别。
- **打字（学生写作业、编写 E-mail）**：手写输入速度较慢，一般只能达到 30 字 / 分钟，不适合大量的文字录入工作。

2. 平板电脑的类型

目前市场上通常按照用途和功能特点将平板电脑分为以下 5 种类型。

- **通话平板**：通话平板是一种具备通话功能，支持移动通信网络，并能够通过插入电话卡实现拨打电话、发送短信等功能的平板电脑，这种平板电脑的功能基本等同于智能手机，只是屏幕比智能手机大，如图 1-12 所示。
- **娱乐平板**：娱乐平板是平板电脑的主流类型，面向普通用户群体。娱乐平板没有特定的用途，主要用于休闲娱乐，偶尔也可以拿来办公和学习，其硬件配置能够满足用户的基本需求。
- **二合一平板**：二合一平板是一种兼具笔记本电脑功能的平板电脑，预留了适配键盘的接口，通过外接键盘可以变成笔记本电脑形态。二合一平板的本质是平板电脑，其硬件配置无法和笔记本电脑相比，所以，二合一平板的优势在于娱乐性和便携性，其余各方面均落后于二合一笔记本。
- **商务平板**：商务平板是为了提升办公效率，专门为商务人士提供的移动便携且兼顾商务办公的平板电脑，通常预置商务应用，并配置手写笔。
- **投影平板**：投影平板是一种内置了投影仪的平板电脑，平板电脑的便携性和硬件支持，使投影平板可以让投影播放视频和图片更加方便，如图 1-13 所示。

图 1-12　通话平板

图 1-13　投影平板

任务二　熟悉计算机硬件

　　广义上的计算机是由硬件系统和软件系统两部分组成的，硬件系统是软件系统工作的基础，而软件系统又控制着硬件系统的运行，两者相辅相成，缺一不可。

一、任务目标

扫一扫

高清大图

　　本任务将通过具体的图片来认识计算机的各种硬件。首先介绍主机以及其中的各种硬件，然后介绍外部设备，最后介绍各种周边设备。通过本任务的学习，可以熟悉计算机的各种硬件设备。

二、相关知识

　　从外观上看，计算机的硬件包括主机、外部设备和周边设备 3 个部分，主机是指机箱及其中的各种硬件，外部设备是指显示器、鼠标和键盘，周边设备是指声卡、音箱、移动硬盘等。

> **知识补充**
>
> **冯·诺依曼结构的计算机硬件系统**
>
> 　　计算机的硬件系统是以冯·诺依曼设计的计算机体系结构为基础的，按照这个体系进行划分，计算机的硬件主要包括输入设备、输出设备、运算器、控制器和存储器 5 个部分。

（一）主机

　　主机是机箱以及安装在机箱内的计算机硬件的集合，主要由 CPU（包括 CPU 和散热器）、主板、内存、显卡（包括显卡和散热器）、机械硬盘（或固态硬盘，有时是两种硬盘）、主机电源和机箱 7 个部件组成，如图 1-14 所示。

图 1-14　主机

主机机箱上的按钮和指示灯

　　不同主机机箱上的按钮和指示灯的形状及位置可能不同，复位按钮一般有"Reset"字样；电源开关一般有"⏻"标记或"Power"字样；电源指示灯在开机后一直显示为绿色；硬盘工作指示灯只有在对硬盘进行读写操作时，才会亮起。

● **CPU**：中央处理器（Central Processing Unit，CPU）是计算机的数据处理中心和最高执行单位，它具体负责计算机内数据的运算和处理，与主板一起控制协调其他设备的工作。图1-15所示为Intel的Core i9 CPU。

CPU 散热器

　　CPU在工作时会产生大量的热量，如果散热不及时，就会导致计算机死机，甚至烧毁CPU。为了保证计算机正常工作，就需要控制热量，为CPU安装散热器。通常正品盒装的CPU会标配风冷散热器，而散片CPU需要单独购买散热器。图1-16所示为一款CPU散热器。

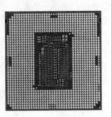

图1-15　CPU　　　　　　　　　图1-16　CPU 散热器

● **主板**：从外观上看，主板是一块方形的电路板，其上布满了各种电子元器件、插座、插槽和各种外部接口，它可以为计算机的所有部件提供插槽和接口，并通过其中的线路统一协调所有部件的工作，如图1-17所示。

主板上集成的硬件

　　随着主板制版技术的发展，主板上已经能够集成很多计算机硬件，如CPU、显卡、声卡和网卡等，这些硬件都可以以芯片的形式集成到主板上。

● **内存**：内存（见图1-18）是计算机的内部存储器，也叫主存储器，是计算机用来临时存放数据的地方，也是CPU处理数据的中转站，内存的容量和存取速度直接影响CPU处理数据的速度。

● **显卡**：显卡又称为显示适配器或图形加速卡，其功能主要是将计算机中的数字信号转换成显示器能够识别的信号（模拟信号或数字信号），并将其处理和输出，还可分担CPU的图形处理工作。图1-19所示为某计算机配置的显卡，该显卡的外面覆盖了一层散热装置，其通常由散热片和散热风扇组成。

● **硬盘**：硬盘是电脑中容量最大的存储设备，通常用于存放永久性的数据和程序，

图 1-20 所示为计算机的机械硬盘，即计算机中使用最广和最普通的硬盘。另外，还有一种目前热门的硬盘类型——固态硬盘（Solid State Drives，SSD），简称固盘，是用固态电子存储芯片阵列制成的硬盘，如图 1-21 所示。

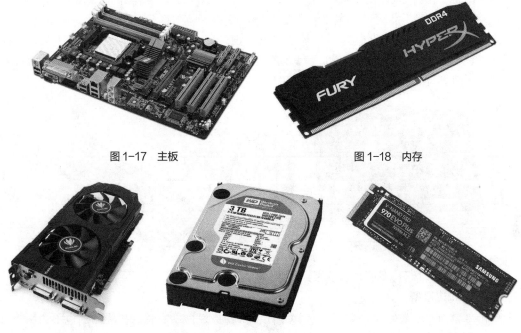

图 1-17　主板　　　　　　　　　　　　　　图 1-18　内存

图 1-19　显卡　　　　　图 1-20　机械硬盘　　　　　图 1-21　固态硬盘

- **主机电源**：主机电源（见图 1-22）也称电源供应器，能够为计算机正常运行提供需要的动力。电源能够通过不同的接口为主板、硬盘和光驱等计算机部件提供所需动力。
- **机箱**：机箱是安装和放置各种计算机部件的装置，它能够将主机部件整合在一起，并起到防止损坏的作用，如图 1-23 所示。机箱的好坏直接影响主机部件的正常工作，且机箱还能屏蔽主机内的电磁辐射，对使用者也能起到一定的保护作用。

图 1-22　主机电源　　　　　　　　　　图 1-23　机箱

（二）外部设备

对于普通计算机用户来说，计算机的组成其实只有两部分——计算机主机和外部设备。这里的外部设备是指显示器、鼠标和键盘这 3 个硬件，外部设备加上计算机主机，就可以进行绝大部分的计算机操作。所以，要组装计算机，除主机外，还需要选购显示器、鼠标和键盘。

- **显示器**：显示器是计算机的主要输出设备，它的作用是将显卡输出的信号（模拟信号或数字信号）以肉眼可见的形式表现出来。目前主要使用的显示器是液晶显示器（也就是通常所说的 LCD），如图 1-24 所示。
- **鼠标**：鼠标是计算机的主要输入设备之一，是随着图形操作界面产生的，因为其外形与老鼠类似，所以被称为鼠标，如图 1-25 所示。
- **键盘**：键盘是计算机的另一种主要输入设备，是和计算机进行交流的工具，如图 1-26 所示。通过键盘可直接向计算机输入各种字符和命令，简化计算机的操作。另外，即使不用鼠标，只用键盘也能完成计算机的基本操作。

图 1-24　显示器　　　　图 1-25　鼠标　　　　图 1-26　键盘

（三）周边设备

　　周边设备对于计算机来说属于可选装硬件，也就是说，不安装这些硬件，也不会影响计算机的正常工作，但在安装和连接这些设备后，可以提升计算机某些方面的性能。计算机的周边设备都是通过主机上的接口（主板或机箱上面的接口）连接到计算机上的。在常见的周边设备中，某些类型的声卡和网卡也可以直接安装到主机的主板上。

扫一扫

高清大图

- **声卡**：声卡在计算机的音频设备中的作用类似于显卡，用于处理声音的数字信号，并输出到音箱或其他的声音输出设备。现在的声卡已经以芯片的形式集成到了主板中（也被称为集成声卡），并且具有很高的性能，只有对音效有特殊要求的用户才会购买独立声卡。图 1-27 所示为独立声卡。
- **网卡**：网卡也称为网络适配器，其功能是连接计算机和网络。同声卡一样，通常主板都集成有网卡，只有在网络端口不够用或连接无线网络的情况下，才会安装独立的网卡。图 1-28 所示为独立的无线网卡。
- **音箱**：音箱在计算机的音频设备中的作用类似于显示器，可直接连接到声卡的音频输出接口中，并将声卡传输的音频信号输出为人们可以听到的声音，如图 1-29 所示。
- **数码摄像头**：数码摄像头也是一种常见的计算机周边设备，主要功能是为计算机提供实时的视频图像，实现视频信息交流，如图 1-30 所示。
- **U 盘**：U 盘的全称为 USB 闪存盘，它是一种使用 USB 接口的微型高容量移动存储设备，能够与计算机实现即插即用，如图 1-31 所示。
- **移动硬盘**：移动硬盘是一种采用硬盘作为存储介质，可以即插即用的移动存储设备，如图 1-32 所示。

● **耳机：**耳机是一种将音频输出为声音的周边设备，通常满足个人使用，如图1-33所示。

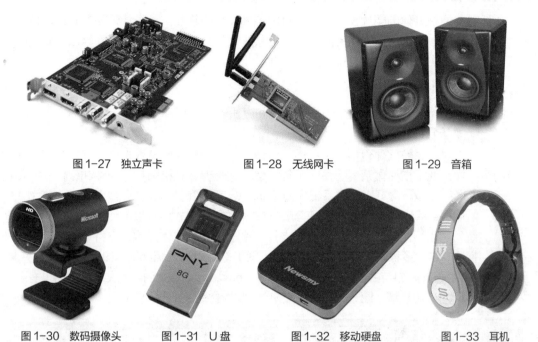

图 1-27 独立声卡　　　　图 1-28 无线网卡　　　　图 1-29 音箱

图 1-30 数码摄像头　　　图 1-31 U 盘　　　图 1-32 移动硬盘　　　图 1-33 耳机

● **路由器：**路由器是一种连接 Internet 和局域网的计算机周边设备，是家庭和办公局域网的必备设备，如图 1-34 所示。

● **投影仪：**投影仪又称投影机，是一种可以将图像或视频投射到幕布上的设备，可以通过专业的接口与计算机相连接并播放相应的视频信号，它也是一种负责输出的计算机周边设备，如图 1-35 所示。

● **多功能一体机：**多功能一体机的主要功能是打印，并至少同时具备复印、扫描或传真功能的任何一种，是一种重要且常用的计算机周边输出和输入设备，如图1-36所示。

图 1-34 路由器　　　　　图 1-35 投影仪　　　　图 1-36 多功能一体机

● **数位板：**又名绘图板、绘画板、手绘板等，主要功能是手写输入，通常由一块板子和一支压感笔组成，用于电脑游戏和图像手绘等领域。

任务三　熟悉计算机软件

软件是计算机中供用户使用的程序，控制计算机所有硬件工作的程序集合组成软件系统。软件系统的作用主要是管理和维护计算机的正常运行，并充分发挥计算机的性能。

一、任务目标

本任务将通过具体的图片，了解计算机中各种类型的软件，首先认识系统软件，然后分类学习各种应用软件。通过本任务的学习，可以熟悉计算机的各种软件，并为以后安装操作系统和各种应用软件打下坚实的基础。

二、相关知识

按功能的不同，软件通常可分为系统软件和应用软件两种。

（一）系统软件

从广义上讲，系统软件包括汇编程序、编译程序、操作系统、数据库管理软件等。通常所说的系统软件就是指操作系统。操作系统的功能是管理计算机的全部硬件和软件，方便用户对计算机进行操作。常见的操作系统分为 Windows 系列和其他操作系统软件两个类型。

● **Windows 系列**：Microsoft 公司的 Windows 系列系统软件是目前使用最广泛的操作系统，它采用图形化的操作界面，支持网络连接和多媒体播放，支持多用户和多任务操作，兼容多种硬件设备和应用程序。图 1-37 所示为 Windows 10 操作系统的界面。
● **其他操作系统**：市场上还存在 UNIX、Linux、Mac OS 等操作系统，它们也有各自不同的应用领域。图 1-38 所示为 Mac OS 操作系统的界面。

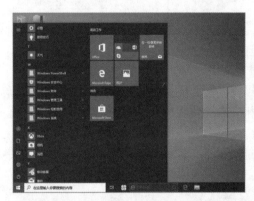

图 1-37　Windows 10 操作系统的界面

图 1-38　Mac OS 操作系统的界面

> **知识补充　操作系统的位数**
>
> Windows 操作系统的位数与 CPU 的位数相关。操作系统只是硬件和应用软件中间的一个平台，32 位操作系统针对 32 位的 CPU 设计，64 位操作系统针对 64 位的 CPU 设计。64 位的操作系统只能安装应用于 64 位 CPU 的计算机中，辅以基于64 位操作系统开发的软件才能发挥出最佳的性能；而 32 位的操作系统既能安装在32 位 CPU 的计算机上，又能安装在 64 位 CPU 的计算机上。

（二）应用软件

应用软件是指一些具有特定功能的软件，如压缩软件 WinRAR、图像处理软件 Photoshop 等，这些软件能够帮助用户完成特定的任务。通常可以把应用软件分为以下 10 种类型，其中，每个大类下面还分有很多小的类别，装机时，用户可以根据需要选择。

● **网络工具软件**：网络工具软件是为网络提供各种各样的辅助工具，增强网络功能的

软件，如百度浏览器、迅雷下载、腾讯 QQ、Dreamweaver、Foxmail 等。图 1-39
所示为目前网络工具软件的基本分类。

● **应用工具软件**：应用工具软件是用来辅助计算机操作，提升工作效率的软件，如
Office、数据恢复精灵、WinRAR、精灵虚拟光驱、完美卸载等。图 1-40 所示为目
前应用工具软件的基本分类。

图 1-39　网络工具软件　　　　　　　　　图 1-40　应用工具软件

● **影音工具软件**：影音工具软件是用来编辑和处理多媒体文件的软件，如会声会影、
迅雷看看播放器、QQ 音乐等。图 1-41 所示为目前影音工具软件的基本分类。

● **系统工具软件**：系统工具软件就是为操作系统提供辅助工具的软件，如硬盘分区魔
术师、Windows 优化大师等。图 1-42 所示为目前系统工具软件的基本分类。

图 1-41　影音工具软件　　　　　　　　　图 1-42　系统工具软件

● **行业软件**：行业软件是为各种行业设计的符合该行业要求的软件，如期货行情即时
看、ERP 生产管理系统等。图 1-43 所示为目前行业软件的基本分类。

● **图形图像软件**：图形图像软件是专门编辑和处理图形图像的软件，如 AutoCAD、
ACDSee、Photoshop 等。图 1-44 所示为目前图形图像软件的基本分类。

图 1-43　行业软件　　　　　　　　　　图 1-44　图形图像软件

● **游戏娱乐软件**：游戏娱乐软件是各种与游戏相关的软件，如 QQ 游戏大厅、游戏修
改大师等。图 1-45 所示为目前游戏娱乐软件的基本分类。

● **教育软件**：教育软件是各种学习软件，如金山打字通、乐教乐学、驾考宝典、星火
英语四级算分器等。图 1-46 所示为目前教育软件的基本分类。

图 1-45　游戏娱乐软件　　　　　　　　　图 1-46　教育软件

● **病毒安全软件**：病毒安全软件是为计算机进行安全防护的软件，如 360 安全卫士、

百度杀毒软件、腾讯电脑管家等。图1-47所示为目前病毒安全软件的基本分类。

- **其他类别软件**：如网易MuMu、360抢票浏览器、iTunes For Windows、同花顺免费炒股软件等。图1-48所示为其他一些类别软件的基本分类。

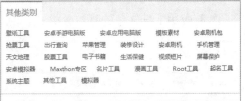

图1-47 病毒安全软件　　　　　　　　　图1-48 其他类别软件

实训一　开关计算机

【实训要求】

按照正确的开机步骤启动计算机，然后按照正确的关机步骤关闭计算机。通过实训，掌握启动和关闭计算机的操作步骤。

【实训思路】

启动计算机主要分为连接电源、启动电源、进入操作系统3个步骤，关闭计算机则只有关闭操作系统和断开电源两个步骤。本实训的操作思路如图1-49所示。

微课视频

开关计算机

① 连接电源

② 启动电源

③ 进入操作系统

④ 关闭操作系统

图1-49 开关计算机的操作思路

【步骤提示】

（1）将电源插线板的插头插入交流电插座中。

（2）将主机电源线插头插入插线板中，用同样的方法插好显示器电源线插头，打开插线板上的电源开关。

（3）在主机箱后的电源处找到开关，按下开关为主机通电。

（4）找到显示器的电源开关，按下开关接通电源。

（5）按下机箱上的电源开关，启动计算机。

（6）计算机开始对硬件进行检测，并显示检测结果，然后进入操作系统。

（7）单击桌面左下角的"开始"按钮，在打开的"开始"菜单中单击"电源"按钮，在打开的子菜单中选择"关机"命令，退出操作系统，并关闭计算机。

（8）按下显示器的电源开关，然后关闭机箱后的电源开关，最后关闭插线板上的电源开关，再拔出插线板电源插头。

实训二　查看计算机硬件组成及连接

【实训要求】

打开计算机的机箱查看内部结构，并分辨计算机硬件的组成和线路的连接。

微课视频

查看计算机硬件组成及连接

【实训思路】

本实训内容主要包括拆卸连线、打开机箱和查看硬件 3 个步骤，其操作思路如图 1-50 所示。

① 拆卸连线　　　　　　② 打开机箱　　　　　　③ 查看硬件

图 1-50　查看计算机硬件的操作思路

【步骤提示】

（1）关闭主机电源开关，拔出机箱电源线插头，将显示器的电源线和数据线拔出。

（2）先将显示器的数据线插头两侧的螺钉固定把手拧松，再将数据线插头向外拔出。

（3）将鼠标连接线插头从机箱后的接口上拔出，并使用同样的方法将键盘插头拔出。

（4）如果计算机中还有一些使用 USB 接口的设备，如打印机、摄像头、扫描仪等，也需拔出其 USB 连接线。

（5）将音箱的音频连接线从机箱后的音频输出插孔上拔出，如果连接到了网络，还需要将网线插头拔出，完成计算机外部连接的拆卸工作。

（6）用十字螺丝刀拧下机箱的固定螺钉，取下机箱盖。

（7）观察机箱内部各种硬件以及它们的连接情况。在机箱内部的上方，靠近后侧的是主机电源，其通过后面的 4 颗螺钉固定在机箱上。主机电源分出的电源线分别连接到各个硬件的电源接口。

（8）在主机电源对面，机箱驱动器架的上方是光盘驱动器，通过数据线连接到主板上，光盘驱动器的另一个接口用来连接从主机电源线中分出来的 4 针电源插头。在机箱驱动器下方通常安装的是硬盘，和光盘驱动器相似，它也通过数据线与主板连接。

（9）机箱内部最大的一个硬件是主板，从外观上看，主板是一块方形的电路板，上面有 CPU、显卡和内存等计算机硬件，以及主机电源线和机箱面板按钮连线等。

课后练习

（1）切断计算机电源，将计算机的机箱盖打开，了解 CPU、显卡、内存、硬盘、电源等设备的安装位置，观察其中各种线路的连接规律，最后将机箱盖重新安装回机箱上。

（2）启动计算机，通过"开始"菜单了解其中安装的应用软件有哪些。试着单击其中的某个软件，观察打开窗口的结构。

（3）列举出计算机的主要硬件，并简述其功能。

（4）在图 1-51 中指出各个计算机硬件的相关名称。

扫一扫

高清大图

图 1-51　计算机硬件

技能提升

1. 了解计算机的发展史

计算机发展到现在不过 70 多年的时间，但其发展速度非常惊人，下面简单了解计算机的发展历史，展望未来计算机的发展方向。

● 第一台计算机被称为"ENIAC"，是 1946 年 2 月 14 日由美国宾夕法尼亚大学研制成功的。第一代计算机以电子管作为基本电子元件，用磁鼓作为主存储器，因此被称为"电子管时代"。这一代的计算机体积大，耗电量多，价格昂贵，运行速度较慢，并且可靠性较差，只应用于科研和军事等少数几个领域。

● 1954 年，美国贝尔实验室研发了世界上第一台晶体管计算机，晶体管代替电子管成为了计算机的基本电子元件，因此该时期便称为计算机的"晶体管时代"。晶体管计算机的功耗、体积、重量都大大降低了，而运算速度、性能则提高了。

- 1962 年，美国空军和得克萨斯仪器公司共同研制出了第一台由中小规模集成电路组成的计算机，集成电路正式代替晶体管成为计算机的基本电子元件，这个时期就是"集成电路时代"。这个时代的计算机采用了集成度较高、功能较强的中小规模集成电路，体积和功耗都进一步降低，速度更快，可靠性也有显著提高，价格进一步下降，产品走向通用化、系统化、标准化。
- 1970 年以后，随着科学技术的飞速发展，各种先进的生产技术广泛应用于计算机制造，这使电子元器件的集成度进一步加大，并在计算机中出现了大规模和超大规模集成电路。以大规模和超大规模集成电路作为基本电子元件后，随着体积、功耗和价格的优化，诞生了微型计算机，为计算机的普及以及网络化创造了条件。现在使用的所有计算机都属于微型计算机。
- 未来计算机主要以微型化、网络化、智能化和巨型化方向为发展目标。另外，量子计算机和光计算机也是未来计算机的发展方向。

2. DIY

DIY 是英文 Do It Yourself 的缩写，又译为自己动手做，DIY 原本是个名词短语，往往被当作形容词使用，意指"自助的"。组装计算机是每一个喜欢计算机的人都希望学会的一项技能，通常也把这个过程称为 DIY，DIY 可以说是从组装计算机开始的，逐渐形成了 DIY精神。在 DIY 的概念形成之后，渐渐兴起了许多与其相关的周边产业，越来越多的人开始思考如何让 DIY 融入生活。DIY 的计算机从一定程度上为用户省却了一些费用，并帮助用户进一步了解计算机的组成，真正认识并深入了解计算机。

3. 主机电源开关上的两个符号

现在大部分的计算机电源都具备电源开关，只有打开才能为主机供电。开关上的"O"表示打开；"—"表示关闭。

4. 组装台式机必购硬件设备

组装台式机时，需要选购的硬件有主板、CPU、内存、硬盘、机箱、电源、显示器、鼠标、键盘。对于显卡、声卡、网卡等设备，除了可以单独选购外，也可以选购自带显卡、声卡、网卡功能的主板。如果计算机要连入 Internet，则计算机中至少需要一块网卡或自带有网卡功能的主板，用来连入网络。

项目二
选配计算机硬件

情景导入

老洪：米拉，通过这段时间的学习，你对计算机硬件知识的掌握情况如何？

米拉：所有的硬件我都仔细了解了一番，但从网上购买的都是独立的散件，具体该如何将这些硬件组装在一起，我就不清楚了。

老洪：公司让你购买相关硬件，就是要让你先了解各种计算机硬件的相关资料，然后帮助你学习如何选配计算机。

米拉：是这样呀，我都记录了好多相关参数，如 CPU 的频率、硬盘的容量、显卡的品牌等。

老洪：不错，看来你这次学习还是有很大收获的。那好，下面我就教你选配计算机硬件的相关知识。

米拉：好的，我会认真学习的！

学习目标

- 认识计算机中的各种硬件设备
- 熟悉相关硬件的各种参数

- 熟悉相关硬件的选购技巧

技能目标

- 掌握选购计算机主要硬件的方法
- 掌握分辨产品真伪的方法

- 掌握设计选购方案的方法

素质目标

- 树立正确的技能观，努力提升自己的职业技能

任务一　认识和选购主板

　　主板的主要功能是为计算机中的其他部件提供插槽和接口，计算机中的所有硬件通过主板直接或间接地组成了一个工作平台，只有通过这个平台，用户才能进行计算机的相关操作。

一、任务目标

本任务将认识主板的类型、结构和主要性能参数，了解选购主板的相关注意事项。通过本任务的学习，读者可以迅速了解并掌握选购主板的方法。

二、相关知识

从外观上看，主板是计算机中最复杂的设备，而且几乎所有的计算机硬件都通过主板连接，所以主板是机箱中最重要的一块电路板。

（一）认识主板

主板（Mainboard）也称为母板（Mother Board）或系统板（System Board），其外观如图 2-1 所示。在主板上安装了组成计算机的主要电路系统，包括各种芯片、各种控制开关接口、各种直流电源供电接插件、各种插槽等元件。

图 2-1　主板的外观

1. 类型

主板的类型很多，分类方法也不同，可以按照 CPU 插槽、支持平台类型、控制芯片组、功能、印制电路板的工艺等进行分类。以常用主板的板型分类，主要有 ATX、M-ATX、E-ATX 和 Mini-ITX 4 种类型。

● **ATX（标准型）**：它是目前主流的主板板型，也称大板或标准板。如果用量化的数据来表示，以背部 I/O 接口那一侧为"长"，另一侧为"宽"，那么 ATX 板型的尺寸就是 305mm×244mm。其特点是插槽较多，扩展性强。图 2-2 所示为一款标准的 ATX 板型主板，其拥有 7 条扩展插槽，而所占用的槽位为 8 条。

● **M-ATX（紧凑型）**：它是 ATX 主板的简化版本，就是常说的"小板"，特点是扩展槽较少，PCI 插槽数量在 3 个或 3 个以下，市场占有率极高。图 2-3 所示为一款标准的 M-ATX 板型主板。M-ATX 板型主板在宽度上同 ATX 板型主板保持了一致，均为 244mm，而在长度上，M-ATX 板型主板则缩小为 244mm，变成了正方形形状。

M-ATX 板型的量化数据为标配 4 条扩展插槽，占据 5 条槽位。

图 2-2　ATX 板型主板

图 2-3　M-ATX 板型主板

- E-ATX（加强型）：随着多通道内存模式的发展，一些主板需要配备 3 通道 6 条内存插槽，或配备 4 通道 8 条内存插槽，这对于宽度最多 244mm 的 ATX 板型主板来说都很吃力，所以需要增加 ATX 板型主板的宽度，这就产生了加强型 ATX 板型——E-ATX。图 2-4 所示为一款标准的 E-ATX 板型主板。E-ATX 板型主板的长度保持为 305mm，而宽度则有多种尺寸，多用于服务器或工作站计算机。
- Mini-ITX（迷你型）：这种板型依旧是基于 ATX 架构规范设计的，主要支持用于小空间的计算机，如用在汽车、机顶盒和网络设备中。图 2-5 所示为一款标准的 Mini-ITX 板型主板。Mini-ITX 板型主板尺寸为 170mm×170mm（在 ATX 构架下几乎已经做到最小），由于面积所限，其只配备了 1 条扩展插槽，占据 2 条槽位，另外，还提供了 2 条内存插槽，这 3 点是 Mini-ITX 板型主板最明显的特征。Mini-ITX 板型主板最多支持双通道内存和单显卡运行。

图 2-4　E-ATX 板型主板

图 2-5　Mini-ITX 板型主板

2. 芯片

主板上的重要芯片包括 BIOS 芯片、芯片组、集成声卡芯片和集成网卡芯片等。

- BIOS 芯片：BIOS（Basic Input Output System，即基本输入输出系统）芯片是一块矩形的存储器，里面存有与该主板搭配的基本输入/输出系统程序，能够让主板识别各种硬件，还可以设置引导系统的设备和调整 CPU 外频等。BIOS 芯片是可以写入程序的，这方便了用户更新 BIOS 的版本。图 2-6 所示为主板上的 BIOS 芯片。
- 芯片组：芯片组（Chipset）是主板的核心组成部分，通常由南桥（South Bridge）

芯片和北桥（North Bridge）芯片组成。现在大部分主板都将南北桥芯片封装到一起形成一个芯片组，称为主芯片组。北桥芯片是主板芯片组中起主导作用的、最重要的组成部分，也称为主桥，过去主板芯片的命名通常以北桥芯片为主。北桥芯片主要负责处理 CPU、内存和显卡三者间的数据交流，南桥芯片则负责硬盘等存储设备和 PCI 总线之间的数据流通。

扫一扫

高清大图

图 2-7 所示为封装的芯片组（这里拆卸了主芯片组上面的散热装甲，图 2-1 中的芯片组则被散热装甲保护着）。

图 2-6 主板上的 BIOS 芯片

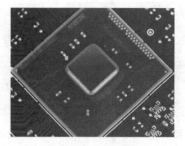

图 2-7 芯片组

知识补充

以芯片组命名主板

很多时候，主板也是以芯片组的核心名称命名的，如 Z490 主板就是使用 Z490 芯片组的主板。

知识补充

纽扣电池

纽扣电池的主要作用是在计算机关机时保持 BIOS 设置不丢失，当电池电力不足时，BIOS 中的设置会自动还原回出厂设置，如图 2-8 所示。

● **集成声卡芯片**：该芯片中集成了声音的主处理芯片和解码芯片，能够代替声卡处理计算机音频，如图 2-9 所示。

图 2-8 纽扣电池

图 2-9 集成声卡芯片

● **集成网卡芯片**：该芯片整合了网络功能，不占用独立网卡的 PCI 插槽或 USB 接口，能实现良好的兼容性和稳定性，如图 2-10 所示。

知识补充　**板载显卡与处理器显卡的区别**

　　有些主板上还集成有显示芯片，这种芯片也就是板载显卡。板载显卡是把GPU显示芯片焊接在主板上，而处理器显卡则是把GPU显示芯片和CPU芯片一起封装到CPU模块里。板载显卡由于性能局限，现在已经被淘汰，取而代之的是处理器显卡。现在很多主板都带有显示接口，但这些显示接口都需要处理器显卡的支持。图2-11所示为主板上的板载显卡，图2-12所示为主板上的显示接口。

图2-10　集成网卡芯片

图2-11　板载显卡

图2-12　主板上的显示接口

3. 扩展槽

　　扩展槽主要是指主板上能够用来进行拔插的配件，这部分配件可以用"插"来安装，用"拔"来反安装，主要包括以下一些配件。

扫一扫

高清大图

- **PCI-Express插槽**：PCI-Express（简称PCI-E）插槽即显卡插槽，目前的主板上大都配备的是3.0版本。插槽越多，其支持的模式也就越多，能够充分发挥显卡的性能。目前PCI-E的规格包括×1、×4、×8和×16。PCI总线可以直接协同工作，×16代表了16条总线同时传输数据。PCI-E规格中的数越大，其性能越好。图2-13所示为主板上的PCI-E插槽。通常可以通过主板背面的PCI-E插槽的引脚（见图2-14）长短来判断其规格，越长的性能越强。现在有些PCI-E插槽还配备了金属装甲，其主要功能是保护显卡并加快热量散发。现阶段，×4和×8规格就基本可以让显卡发挥出全部性能了，虽然在×16规格下，显示性能会有提升，但并不是非常明显。也就是说，在各种规格插槽都有的情况下，显卡应尽量插入高规格的插槽中；如果实在没有，稍微降低一些也无损显卡的性能。

图2-13　主板上的PCI-E插槽

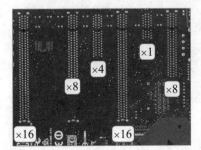
图2-14　主板背面的PCI-E插槽的引脚

- **SATA插槽**：SATA（Serial ATA）插槽又称为串行插槽，SATA以连续串行的方式传送数据，减少了插槽的针脚数目，主要用于连接机械硬盘和固态硬盘等设备，能够在计算机运行过程中拔插。图 2-15 所示为目前主流的 SATA 3.0 插槽，目前大多数机械硬盘和一些固态硬盘都使用这个插槽，其能够与 USB 设备一起通过主芯片组与 CPU 通信，带宽为 6Gbit/s（bit 代表位，折算成传输速率大约为 750MB/s，B 代表字节）。

● **U.2 插槽**：图 2-15 中的 U.2 插槽是另一种形式的高速硬盘接口，其可以看作是 4 通道的 SATA-E，传输带宽理论上会达到 32Gbit/s。

● **M.2 插槽（NGFF 插槽）**：M.2 插槽是最近比较热门的一种存储设备插槽，其带宽大（M.2 socket 3 的 4 带宽可达到 32Gbit/s，折算成传输速率大约为 4GB/s），传输数据速度快，且占用空间小，主要用于连接比较高端的固态硬盘产品，如图 2-16 所示。

图 2-15　SATA 插槽

图 2-16　M.2 插槽

● **CPU 插槽**：用于安装和固定 CPU 的专用扩展槽，根据主板支持的 CPU 不同而不同，其主要表现在 CPU 背面各电子元件的不同布局。CPU 插槽通常由固定罩、固定杆和 CPU 插座 3 个部分组成，在安装 CPU 前，需通过固定杆将固定罩打开，将 CPU 放置在 CPU 插座上后再合上固定罩，并用固定杆固定 CPU，然后安装 CPU 的散热片或散热风扇。另外，CPU 插槽的型号与前面介绍的 CPU 的插槽类型相对应，例如，LGA 1151 插槽的 CPU 需要对应安装在具有 LGA 1151 CPU 插槽的主板上。图 2-17 所示为 intel LGA 1151 的 CPU 插槽关闭和打开的两种状态。

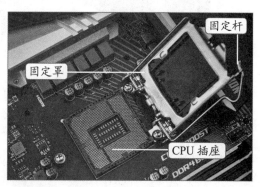

图 2-17　CPU 插槽

● **内存插槽（DIMM 插槽）**：内存插槽（见图 2-18）是主板上用来安装内存的地方。主板芯片组不同，其支持的内存类型也不同，不同的内存插槽在引脚数量、额定电压和性能方面有很大的区别。

● **主电源插槽**：主电源插槽的功能是提供主板电能，将电源的供电插头插入主电源插

槽，即可为主板上的设备提供正常运行所需的电能。主电源插槽目前大都是通用的
20+4pin 供电，通常位于主板长边中部，如图 2-19 所示。

图 2-18　内存插槽　　　　　　　　图 2-19　主电源插槽

> **知识补充**
>
> ## 区分 DDR3 和 DDR4 内存
>
> 　　通常主板的内存插槽附近会标注内存的工作电压，通过不同的电压可以区分不同的内存插槽，一般 1.35V 低压对应 DDR3L 插槽，1.5V 标压对应 DDR3 插槽，1.2V 对应 DDR4 插槽。

- **辅助电源插槽**：辅助电源插槽的功能是为 CPU 提供辅助电源，因此也被称为 CPU 供电插槽。目前的 CPU 供电都是由 8pin 插槽提供的，也可能会采用比较老的 4pin 接口，这两种接口是兼容的。图 2-20 所示为主板上的两种辅助电源插槽。
- **CPU 风扇供电插槽**：顾名思义，这种插槽的功能是为 CPU 散热风扇提供电源，有些主板只有在 CPU 散热风扇的供电插头插入该插槽后，才允许启动计算机。通常在主板上，这个插槽都会被标记为 CPU_FAN，如图 2-21 所示。

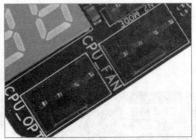

图 2-20　辅助电源插槽　　　　　　图 2-21　CPU 风扇供电插槽

- **机箱风扇供电插槽**：这种插槽的功能是为机箱上的散热风扇提供电源，通常在主板上，这个插槽都会被标记为 CHA_FAN，如图 2-22 所示。
- **USB 插槽**：它的主要用途是为机箱上的 USB 接口提供数据连接，目前主板上主要有 3.0 和 2.0 两种规格的 USB 插槽。USB 3.0 插槽共有 19 枚针脚，右上角部位有一个缺针，下方中部有防呆缺口，与插头对应，如图 2-23 所示。USB 2.0 插槽只有 9 枚针脚，右下方的针脚缺失，如图 2-24 所示。
- **机箱前置音频插槽**：许多机箱的前面板都会有耳机和麦克的接口，使用起来更加方便，它在主板上有对应的跳线插槽。这种插槽有 9 枚针脚，上排右二缺失，一般被标记为 AAFP，位于主板集成声卡芯片附近，如图 2-25 所示。
- **主板跳线插槽**：主要用途是为机箱面板的指示灯和按钮提供控制连接，一般是双行

针脚，主要有电源开关插槽（PWR-SW，两个针脚，通常无正负之分）、复位开关插槽（RESET，两个针脚，通常无正负之分）、电源指示灯插槽（PWR-LED，两个针脚，通常为左正右负）、硬盘指示灯插槽（HDD-LED，两个针脚，通常为左正右负）、扬声器插槽（SPEAKER，4个针脚），如图2-26所示。

图2-22　机箱风扇供电插槽

图2-23　USB 3.0 插槽

图2-24　USB 2.0 插槽

图2-25　前置音频插槽

知识补充

主板上的其他插槽

　　主板上可能还有其他类型的插槽，如灯带供电插槽、可信平台模块插槽、雷电拓展插槽等，这些插槽通常在特定主板出现。图2-27所示的插槽是为了弥补主板存在多显卡工作时供电不足，为PCI-E插槽提供额外电力支持的插槽，常见于高端主板，通常是D形4pin插槽。

图2-26　主板跳线插槽

图2-27　PCI-E 额外供电插槽

4. 对外接口

主板的对外接口（见图2-28）也是主板上非常重要的组成部分，它通常位于主板的侧面，通过对外接口可以将计算机的外部设备和周边设备与主机连接起来。对外接口越多，可以连接的设备也就越多。

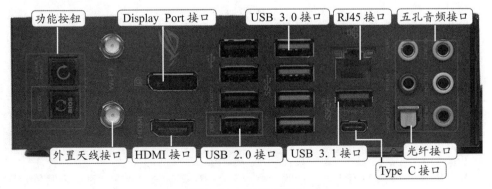

图2-28　主板对外接口

● **功能按钮**：有些主板的对外接口存在功能按钮，一个是刷写 BIOS 按钮（BIOS Flashback），按下后重启计算机会自动进入 BIOS 刷写界面；另一个是清除 CMOS 按钮（Clr CMOS），有时候更换硬件或设置错误造成无法开机，都可以按清除 CMOS 按钮来修复。

扫一扫

高清大图

● **USB 接口**：USB 接口的中文名为"通用串行总线"，最常见的连接该接口的设备就是 USB 键盘、鼠标以及 U 盘等。当前的很多主板都有 3 个规格的 USB 接口，黑色的一般为 USB 2.0 接口，蓝色的为 USB 3.0 接口，红色的为 USB 3.1 接口。

● **Type USB 接口**：上面的 3 种 USB 接口也被称作 Type A 型接口，是目前最常见的 USB 接口；然后是 Type B 型接口，有些打印机或扫描仪等输入输出设备常采用这种 USB 接口；目前流行的 Type C 型接口，其最大的特色是正反都可以插，传输速度也非常高，许多智能手机采用了这种 USB 接口。

● **RJ45 接口**：RJ45 接口也就是网络接口，俗称水晶头接口，主要用来连接网线，有的主板为了体现使用的是 Intel 千兆网卡，通常会将 RJ45 接口设置为蓝色或红色。

● **外置天线接口**：这种接口是专门为了连接外置 WiFi 天线准备的，无线天线接口在连接好无线天线后，可以通过主板预装的无线模块支持 WiFi 和蓝牙。

● **音频接口**：音频接口是主板上比较常见的"五孔音频接口 + 光纤接口"的接口组合。上排的 SPDIF OUT 是光纤输出端口，可以将音频信号以光信号的形式传输到声卡等设备中；REAR 为 5.1 或 7.1 声道的后置环绕左右声道接口；C/SUB 为 5.1 或 7.1 多声道音箱的中置声道和低音声道。下排的 MIC IN 为麦克风接口，通常为粉色；LINE OUT 为音响或耳机接口，通常为浅绿色；LINE IN 为音频设备的输入接口，通常为浅蓝色。

知识
补充

PS/2 接口

有些主板的对外接口还保留着双色 PS/2 接口，这种接口单一支持键盘或鼠标的话，会呈现单色（键盘为紫色，鼠标为绿色），接口为双色并伴有键鼠 Logo 的就是键鼠两用。

（二）主要性能参数

主板的性能参数是选购主板时需要认真查看的项目，主要有以下 5 个方面。

1. 芯片

主板芯片是衡量主板性能的主要指标之一，包含以下 4 个方面的内容。

● **芯片厂商**：主要有 Intel 和 AMD（超威）。

● **芯片组结构**：通常都是由北桥芯片和南桥芯片组成的，也有南北桥合一的芯片组。

● **芯片组型号**：不同型号的芯片组性能不同，价格也不同，目前芯片组的主要型号如图 2-29 所示。

主芯片组: Intel（Z490 Z390 B460 B365 H370 B360 H310 Z370 X299 Z270 B250 H270 Z170 B150 H170 H110 C232 X99 Z97 B85 H81 其他）

AMD（TRX40 X570 X470 A520 B550 B450 X399 A320 B350 X370 A88X A85X A68H 970 990FX A78 A58）

图 2-29 目前芯片组的主要型号

- **集成芯片**：主板可以集成显示、音频和网络 3 种芯片。

2. CPU 规格

CPU 的规格是主板的主要性能指标之一，CPU 越好，计算机的性能就越好，但如果主板不能完全发挥 CPU 的性能，也会相对影响计算机的性能。CPU 的规格包含以下 3 个方面。

- **CPU 平台**：主要有 Intel 和 AMD 两种。
- **CPU 类型**：CPU 的类型很多，即便是同一种类型，其运行速度也有所差别。
- **CPU 插槽**：不同类型的 CPU 对应的主板插槽不同。

3. 内存规格

内存规格也是影响主板的主要性能指标之一，包含以下 4 个方面。

- **最大内存容量**：内存容量越大，能处理的数据就越多。
- **内存类型**：现在的内存类型主要有 DDR3 和 DDR4 两种，主流为 DDR4，其数据传输能力比 DDR3 强大。
- **内存插槽**：插槽越多，可以安装的内存越多。
- **内存通道**：通道技术其实是一种内存控制和管理技术，在理论上能够使两条同等规格内存提供的带宽增长一倍，目前主要有双通道、三通道和四通道 3 种模式。

4. 扩展插槽

扩展插槽的数量也能影响主板的性能，包含以下两方面。

- **PCI-E 插槽**：插槽越多，其支持的模式也可能越多，能够充分发挥显卡的性能。
- **SATA 插槽**：插槽越多，能够安装的 SATA 设备越多。

5. 其他性能

除了以上主要性能指标外，还有以下主板性能指标，在选购主板时也需要注意。

- **对外接口**：对外接口越多，能够连接的外部设备越多。
- **供电模式**：主板多相供电模式能够提供更大的电流，可以降低供电电路的温度，而且利用多相供电获得的核心电压信号也比少相的稳定。
- **主板板型**：板型能够决定安装设备的多少和机箱的大小，以及计算机升级的可能性。
- **电源管理**：主板对电源的管理目的是节约电能，保证计算机正常工作，具有电源管理功能的主板比普通主板性能更好。
- **BIOS 性能**：现在大多数主板的 BIOS 芯片都采用了 Flash ROM，其是否能方便升级及是否具有较好的防病毒功能是主板的重要性能指标之一。
- **多显卡技术**：主板中并不是显卡越多，显示性能就越好，还需要主板支持多显卡技术，现在的多显卡技术包括 NVIDIA 的多路 SLI 技术和 ATI 的 CrossFire 技术。

（三）选购注意事项

主板的性能关系着整台计算机能否稳定地工作，主板在计算机中的作用相当重要，因此，对主板的选购绝不能马虎，选购时需要注意以下事项。

1. 考虑用途

选购主板的第一步应该是根据用户的用途选择，但要注意主板的扩充性和稳定性，如游戏爱好者图形图像设计人员，可选择价格较高的高性能主板；如果计算机主要用于文档编辑、编程设计、上网、打字、看电影等，则可选购性价比较高的中低端主板。

2. 注意扩展性

由于不需要升级主板，所以应把扩展性作为首要考虑的问题。扩展性也就是通常所说的给计算机升级或增加部件，如增加内存或电视卡，更换速度更快的 CPU 等，这就需要主板有足够多的扩展插槽。

3. 对比性能指标

主板的性能指标非常容易获得，在选购时，可以在同样的价位下对比不同主板的性能指标，或在同样的性能指标下对比不同价位的主板，从而获得性价比较高的产品。

4. 鉴别真伪

现在的假冒电子产品很多，下面介绍一些鉴别假冒主板的方法。

- **芯片组**：正品主板芯片上的标识清晰、整齐、印刷规范，而假冒的主板一般由旧货打磨而成，字体模糊，甚至有歪斜现象。
- **电容器**：正品主板为了保证产品质量，一般采用名牌的大容量电容器，而假冒主板采用的是杂牌的小容量电容器。
- **产品标识**：主板上的产品标识一般粘贴在 PCI 插槽上，正品主板标识印刷清晰，会有厂商名称的缩写和序列号等，而假冒主板的产品标识印刷非常模糊。
- **输入 / 输出接口**：每个主板都有输入 / 输出（I/O）接口，正品主板接口上一般可看到提供接口的厂商名称，假冒的主板则没有。
- **布线**：正品主板上的布线都经过专门设计，一般比较均匀美观，不会出现一个地方密集，另一个地方稀疏的情况，而假冒的主板则布线凌乱。
- **焊接工艺**：正品主板焊接到位，不会有虚焊或焊锡过于饱满的情况，贴片电容是机械化自动焊接的，比较整齐。而假冒的主板会出现焊接不到位、贴片电容排列不整齐等情况。

5. 选购主流品牌

主板的品牌很多，按照市场上的认可度，通常分为两种类别。

- **一类品牌**：主要包括华硕（ASUS）、微星（MSI）、技嘉（GIGABYTE）和七彩虹（COLORFUL），其特点是研发能力强，推出新品速度快，产品线齐全，高端产品过硬，市场认可度较高，在主板市场中，这 4 个品牌的市场占有率加起来就达到了 70% 左右。
- **二类品牌**：主要包括映泰（BIOSTAR）、华擎（ASROCK）、昂达（ONDA）、影驰（GALAXY）和梅捷（SOYO）等，其特点是在某些方面略逊于一类品牌，具备一定的制造能力，也有各自的特色，在保证稳定运行的前提下，价格较一类品牌更低，这些品牌在主板市场中的占有率均不超过 5%。

任务二　认识和选购 CPU

CPU 既是计算机的指令中枢，也是系统的最高执行单位，认识和选购 CPU 是组装计算机的重要步骤之一。

一、任务目标

本任务将认识 CPU 的主要功能，了解 CPU 的主要性能参数，并学习选购 CPU 的方法。通过本任务的学习，读者可以全面了解 CPU，并学会如何选购 CPU。

二、相关知识

下面分别介绍 CPU 的主要功能、主要性能参数和选购注意事项的相关知识。

（一）主要功能

CPU 在计算机系统中就像人的大脑一样，是整个计算机系统的指挥中心。它的主要功能是负责执行系统指令、数据存储、逻辑运算、传输并控制输入/输出操作指令。图 2-30 所示为 Intel CPU 的外观，该 CPU 从外观上主要分为正面和背面两个部分，由于 CPU 的正面刻有各种产品参数，所以也称为参数面；CPU 的背面主要是与主板的 CPU 插槽接触的触点，所以也被称为安装面。

扫一扫

高清大图

图 2-30　Intel CPU 的外观

- **防误插缺口**：防误插缺口是在 CPU 边上的半圆形缺口，它的功能是防止在安装 CPU 时，由于旋转方向错误造成损坏。
- **防误插标记**：防误插标记是 CPU 一个角上的小三角形标记，功能与防误插缺口一样，在 CPU 的两面通常都有防误插标记。
- **产品二维码**：CPU 上的产品二维码是 Datamatrix 二维码，它是一种矩阵式二维条码，其尺寸是目前所有条码中最小的，可以直接印刷在实体上，主要用于 CPU 的防伪和产品统筹。

（二）主要性能参数

CPU 的性能指标直接反映计算机的性能，所以这些指标既是选择 CPU 的理论依据，也是深入学习计算机的关键，下面介绍其主要指标。

1. 生产厂商

CPU 的生产厂商主要有 Intel、AMD 和龙芯（Loongson），市场上主要销售的是 Intel 和 AMD 的产品。

- **Intel**：Intel 是全球最大的半导体芯片制造商，从 1968 年成立至今已有 50 多年的历史，目前主要有赛扬（CELERON）、奔腾（PENTIUM）、酷睿（CORE）i3、酷睿 i5、酷睿 i7、酷睿 i9，以及手机、平板计算机和服务器使用的 XEON W 和 XEON E 等系列的 CPU 产品。图 2-31 所示 CPU 的处理器号为 "INTEL CORE i7-8700K"，其中的 "INTEL" 是公司名称；"CORE i7" 代表 CPU 系列；"8700K" 中的 "8" 代表该系列 CPU 的代别，"7" 代表 CPU 的等级，"00" 代表产品细分，"K" 是后缀，表示该 CPU 可超频。
- **AMD**：AMD 成立于 1969 年，是全球第二大微处理器芯片供应商，多年来，AMD 公司一直是 Intel 公司的强劲对手。目前主要产品有推土机 FX、APU、锐龙（Ryzen）3、Ryzen 5、Ryzen 7、Ryzen 9、Ryzen Threadripper 等。图 2-32 所示为 AMD 公司生产的 CPU，其处理器号为"AMD Ryzen 5 2600X"，其中的"AMD"是公司名称；"Ryzen 5"代表 CPU 系列；"2"代表 CPU 的代别；"600"代表 CPU 的等级；"X"是后缀，表示该 CPU 是高频产品。

图 2-31　INTEL CORE i7-8700K

图 2-32　AMD Ryzen 5 2600X

2. 频率

CPU 频率是指 CPU 的时钟频率，简单来说，就是 CPU 运算时的工作频率（1s 内发生的同步脉冲数）。CPU 的频率代表了 CPU 的实际运算速度，单位有 Hz、kHz、MHz、GHz。理论上，CPU 的频率越高，CPU 的运算速度就越快，CPU 的性能也就越高。CPU 实际运行的频率与 CPU 的外频和倍频有关，其计算公式为：实际频率 = 外频 × 倍频。

- **外频**：外频是 CPU 与主板之间同步运行的速度，即 CPU 的基准频率。
- **倍频**：倍频是 CPU 运行频率与系统外频之间的差距参数，也称为倍频系数，在相同的外频条件下，倍频越高，CPU 的频率越高。
- **动态加速频率**：动态加速是一种提升 CPU 频率的智能技术，是指当启动一个运行程序后，处理器会自动加速到合适的频率，而原来的运行速度会提升 10%~20% 以保证程序流畅运行。具备动态加速技术的 CPU 会在运算过程中自动判断是否需要加速频率，加速频率可以提升单核 / 双核运算能力，尤其适合那些不能充分利用多核心，必须依靠高频才能提升运算效率的软件。Intel 品牌 CPU 的动态加速技术叫作睿频（Turbo Boost），AMD 品牌 CPU 的动态加速技术叫作精准加速频率（Pricision Boost）。现在市面上 CPU 的动态加速频率在 4.0GHz~5.1GHz 不等。

3. 内核

CPU 的核心又称为内核，是 CPU 最重要的组成部分，CPU 中心隆起部分的芯片就是核心，是由单晶硅以一定的生产工艺制造出来的，CPU 所有的计算、接受 / 存储命令和处理数据都由核心完成，所以，核心的产品规格会显示出 CPU 的性能高低。8 核 CPU 是指具有 8 个核心的 CPU，体现 CPU 性能且与核心相关的参数主要有以下 4 种。

- **核心数量**：过去的 CPU 只有一个核心，现在则有 2 个、3 个、4 个、6 个、8 个、10 个、16 或 18 个核心，18 核心 CPU 是指具有 18 个核心的 CPU，这归功于 CPU 多核心技术的发展。多核心是指基于单个半导体的一个 CPU 上拥有多个相同功能的处理器核心，即将多个物理处理器核心整合入一个核心中。核心数量并不能决定 CPU 的性能，多核心 CPU 的性能优势主要体现在多任务的并行处理，即同一时间处理两个或多个任务的能力上，但这个优势需要软件优化才能体现出来。例如，如果某软件支持类似多任务处理技术，双核心 CPU（假设主频都是 2.0GHz）就可以在处理单个任务时，两个核心同时工作，一个核心只需处理一半任务就可以完成工作，这样的效率可以等同于一个 4.0G 主频的单核心 CPU 的效率。

● **线程数**：线程是指 CPU 运行中程序的调度单位，多线程通常是指可通过复制 CPU 上的结构状态，让同一个 CPU 上的多个线程同步执行并共享 CPU 的执行资源，可最大限度提高 CPU 运算部件的利用率。线程数越多，CPU 的性能也就越高，主流 CPU 的线程数包括双线程、4 线程、8 线程、12 线程、16 线程、24 线程和 32 线程。

● **核心代号**：核心代号也可以看成 CPU 的产品代号，即使是同一系列的 CPU，其核心代号也可能不同。例如，Intel 的核心代号有 Coffee Lake、Ice Lake、SkyLake-X、Kaby Lake、Kaby Lake-X、Skylake、Comet Lake、Comet Lake-S 等；AMD 的核心代号有 Zen、Zen 2、Zen+、Kaveri、Godavari、Llano 和 Trinity 等。

● **热设计功耗**：热设计功耗（Thermal Design Power，TDP）是指 CPU 的最终版本在满负荷（CPU 利用率为理论设计的 100%）时，可能会达到的最高散热热量。散热器必须保证在 TDP 最大时，CPU 的温度仍然在设计范围之内。随着现在多核心技术的发展，在同样的核心数量下，TDP 越小性能越好。目前主流 CPU 的 TDP 值有 15W、35W、45W、65W 和 95W。

4. 缓存

缓存是指可进行高速数据交换的存储器，它先于内存与 CPU 进行数据交换，速度极快，所以又被称为高速缓存。缓存的结构和大小对 CPU 速度的影响非常大，CPU 缓存的运行频率极高，一般是和处理器同频运作，工作效率远远大于系统内存和硬盘。

CPU 缓存一般分为 L1、L2 和 L3。当 CPU 要读取一个数据时，首先从 L1 缓存中查找，没有找到再从 L2 缓存中查找，若还是没有，则从 L3 缓存或内存中查找。一般来说，每级缓存的命中率大概为 80%，也就是说，全部数据量的 80% 都可以在一级缓存中找到，由此可见 L1 缓存是整个 CPU 缓存架构中最为重要的部分。

● **L1 缓存**：L1 缓存也叫一级缓存，位于 CPU 内核的旁边，是与 CPU 结合最为紧密的 CPU 缓存，也是历史上最早出现的 CPU 缓存。由于一级缓存的技术难度和制造成本最高，提高容量带来的技术难度和成本增加非常大，所带来的性能提升却不明显，性价比很低，因此一级缓存是所有缓存中容量最小的。

● **L2 缓存**：L2 缓存也叫二级缓存，主要用来存放计算机运行时操作系统的指令、程序数据和地址指针等数据。L2 缓存容量越大，系统的速度越快，因此 Intel 与 AMD 公司都尽最大可能加大 L2 缓存的容量，并使其与 CPU 在相同频率下工作。

● **L3 缓存**：L3 缓存也叫三级缓存，分为早期的外置和现在的内置。其实际作用是进一步降低内存延迟，同时提升大数据量计算时处理器的性能。降低内存延迟和提升大数据量计算能力对运行大型场景文件很有帮助。

知识补充	**L1、L2、L3 缓存的性能比较**

在理论上，3 种缓存对 CPU 性能的影响力是 L1>L2>L3，但由于 L1 缓存的容量在现有技术条件下已经无法增加，所以 L2 和 L3 缓存才是 CPU 性能表现的关键，在 CPU 核心不变的情况下，增加 L2 或 L3 缓存容量能使 CPU 性能大幅度提高。选购 CPU 要求标准的高速缓存，通常是指该 CPU 具有的最高级缓存的容量，如具有 L3 缓存就是具有 L3 缓存的容量。

5. 集成显卡

集成显卡（也称为核心显卡）技术是新一代的智能图形核心技术，它把显示芯片整合在智能 CPU 当中，依托 CPU 强大的运算能力和智能能效调节设计，在更低功耗下实现同样出色的图形处理性能。在 CPU 中整合显卡大大缩短了处理核心、图形核心、内存及内存控制器间数据的周转时间，有效提升了处理效能，并大幅降低了芯片组的整体功耗，还有助于缩小核心组件的尺寸。通常情况下，Intel 的集成显卡会在独立显卡工作时自动停止工作；AMD 的 APU 在 Windows 7 及更高版本操作系统中，如果安装了适合型号的 AMD 独立显卡，经过设置，可以实现处理器显卡与独立显卡混合交火（计算机自动分工，小事让能力弱的集成显卡处理，大事让能力强的独立显卡去处理）。目前可以根据后缀判断 CPU 是否具备集成显卡，Intel 中后缀为 C、R 和 G 的 CPU，AMD 中后缀为 G 的 CPU 都能增强计算机的显示性能。

6. 插槽类型

CPU 需要通过固定标准的插槽与主板连接后才能进行工作，经过这么多年的发展，CPU 采用的插槽经历了引脚式、卡式、触点式、针脚式等多个阶段。而目前以触点式和针脚式为主，主板上都有相应的插槽底座。CPU 插槽类型不同，其插孔数、体积、形状都有变化，所以不能互相接插。目前常见的 CPU 插槽分为 Intel 和 AMD 两个系列。

- **Intel：**包括 LGA 1200、LGA 2066、LGA 2011-v3、LGA 2011、LGA 1151、LGA 1150、LGA 1155 等类型。图 2-33 所示为使用不同类型插槽的 Intel CPU。
- **AMD：**其插槽类型多为针脚式，包括 Socket TR4、Socket TRX4、Socket AM4、Socket AM3+ 等。图 2-34 所示为使用不同类型插槽的 AMD CPU，其中，Socket AM4 是主流类型，Socket TR4 和 Socket TRX4 是最新的触点式插槽。

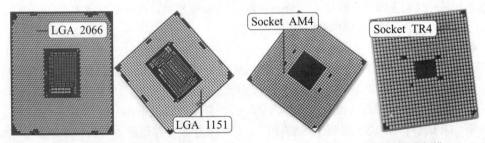

图 2-33　Intel CPU 的不同插槽　　　　图 2-34　AMD CPU 的不同插槽

7. 内存控制器与虚拟化技术

内存控制器（Memory Controller）是计算机系统内部控制内存，并使内存与 CPU 之间交换数据的重要组件。虚拟化技术（Virtualization Technology，VT）是指将单台计算机软件环境分割为多个独立分区，每个分区均可以按照需要模拟计算机的一项技术。这两个因素都将影响 CPU 的工作性能。

- **内存控制器：**决定了计算机系统所能使用的最大内存容量、内存 BANK 数、内存类型和速度、内存颗粒数据深度和数据宽度等重要参数，即决定了计算机系统的内存性能，从而对计算机系统的整体性能产生较大影响。所以，CPU 的产品规格应该包括该 CPU 支持的内存类型。
- **虚拟化技术：**虚拟化有传统的纯软件虚拟化方式（无需 CPU 支持 VT 技术）和硬件辅助虚拟化方式（需 CPU 支持 VT 技术）两种。纯软件虚拟化运行时的开销会造成系统运行速度较慢，所以，支持 VT 技术的 CPU 在基于虚拟化技术的应用中，效率将会明显比不支持硬件 VT 技术的 CPU 的效率高出许多。目前 CPU 产品的虚拟化技术主要有 Intel VT-x、Intel VT 和 AMD VT 3 种。

（三）选购注意事项

在选购 CPU 时，除了需要考虑 CPU 的性能外，也需要从用途和质保等方面来综合考虑，还要识别 CPU 的真伪，以求获得性价比高的 CPU。

1. 选购原则

选购 CPU 时，需要根据 CPU 的性价比及购买用途等因素选择。由于 CPU 市场主要是以 Intel 和 AMD 两大厂家为主，而且它们各自产品的性能和价格也不完全相同，因此在选购 CPU 时，可以考虑以下 4 点原则。

（1）对于计算机性能要求不高的用户，可以选择较低端的 CPU 产品，如 Intel 的 CELERON 或 PENTIUM 系列，或者 ADM 的 APU 或推土机 FX 系列。

（2）对计算机性能有一定要求的用户，可以选择中低端的 CPU 产品，如 Intel 的 CORE i3 或 CORE i5 系列、ADM 的 Ryzen 3 或 Ryzen 5 系列。

（3）对于游戏玩家、图形图像设计等对计算机有较高要求的用户，应该选择高端的 CPU 产品，如 Intel 的 CORE i7 系列、ADM 的 Ryzen 7 系列。

（4）对于高端游戏玩家，则应该选择最先进的 CPU 产品，如 Intel 的 CORE i9 系列、ADM 的 Ryzen 9 或 Ryzen Threadripper 系列。

2. 识别真伪

不同厂商生产的 CPU 的防伪设置不同，但基本上大同小异。由于 CPU 的主要生产厂商有 Intel 和 AMD 两家，下面就以 Intel 生产的 CPU 为例，介绍验证其真伪的方法。

● **通过网站验证**：访问 Intel 的产品验证网站进行验证。

● **通过微信验证**：通过手机微信查找"英特尔客户支持"或"IntelCustomerSupport"，关注"英特尔客户支持"微信公众号，然后通过"产品验证"菜单里的"扫描处理器序列号"命令，扫描序列号条形码进行验证。

● **查看总代理标签**：从正规的 Intel 授权零售店面购买的正品盒装 CPU，通常有 4 个总代理标签。

● **验证产品序列号**：正品 CPU 的产品序列号通常打印在包装盒的产品标签上，该序列号应该与盒内保修卡中的序列号一致，如图 2-35 所示。

● **查看封口标签**：正品 CPU 包装盒的封口标签仅在包装盒的一侧，标签为透明色，字体为白色，颜色深且清晰，如图 2-36 所示。

图 2-35　Intel CPU 的产品序列号　　　　图 2-36　Intel CPU 的封口标签

- **验证风扇部件号**：正品盒装 CPU 通常配备了散热风扇，使用风扇的激光防伪标签上的风扇部件号进行验证，也能验证 CPU 的真伪。
- **验证产品批次号**：正品盒装 CPU 的产品标签上还有产品的批次号，通常以"FPO"或"Batch"开头，CPU 产品正面的标签最下面也会用激光印制编号，如果该编号与标签上打印的批次号一致，则也能验证 CPU 的真伪。

任务三　认识和选购内存

内存（Memory）又被称为主存或内存储器，其用于暂时存放 CPU 的运算数据以及与硬盘等外部存储器交换的数据，内存的大小是决定计算机运行速度的重要因素之一。

一、任务目标

本任务将认识内存的结构与类型，了解内存的主要性能参数，并学习选购内存的方法。通过本任务的学习，读者可以全面了解内存，并学会如何选购内存。

扫一扫

高清大图

二、相关知识

下面介绍内存的结构、类型、性能参数、选购注意事项的相关知识。

（一）认识内存

认识内存需要首先了解内存的外观结构和主要类型。

1. 结构

内存主要由芯片、散热片、金手指、卡槽和缺口等部分组成，下面以目前主流的 DDR4 内存为例进行介绍，如图 2-37 所示。

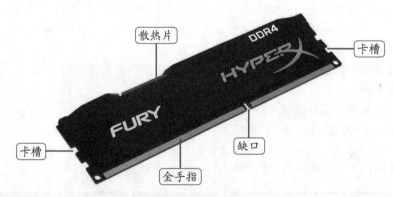

散热片　　DDR4　　卡槽

卡槽　　缺口

金手指

图 2-37　DDR4 内存

- **芯片和散热片**：芯片用来临时存储数据，是内存最重要的部件；散热片安装在芯片外面，帮助维持内存工作温度，提高工作性能，如图 2-38 所示。
- **金手指**：它是连接内存与主板的"桥梁"，目前很多 DDR4 内存的金手指采用曲线设计，接触更稳定，拔插更方便。从图 2-39 所示可以看出 DDR4 内存的金手指中间比两边要宽些，呈现明显的曲线形状。
- **卡槽**：与主板上内存插槽上的塑料夹角相配合，将内存固定在内存插槽中。
- **缺口**：与内存插槽中的防凸起设计配对，防止内存插反。

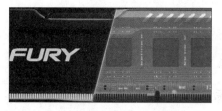

图2-38　内存的芯片和散热片　　　　图2-39　内存的曲线金手指设计

2. 类型

DDR 的全称是 DDR SDRAM（Double Data Rate SDRAM，即双倍速率 SDRAM），也就是双倍速率同步动态随机存储器的意思。DDR 内存是目前主流的计算机存储器，现在市面上有 DDR2、DDR3 和 DDR4 三种类型。

● **DDR2 内存**：DDR 是现在主流的内存规范，各大芯片组厂商的主流产品都能使用它。DDR2 内存其实是 DDR 内存的第二代产品，与第一代 DDR 内存相比，DDR2 内存拥有 2 倍以上的内存预读取能力，达到了 4bit 预读取。DDR2 内存能够在100MHz 的发信频率的基础上提供每插脚最少 400MB/s 的带宽，而且其接口将运行于 1.8V 电压上，从而进一步降低发热量，以便提高频率。目前 DDR2 已经逐渐被淘汰，二手计算机和笔记本电脑还在使用。图 2-40 所示为 DDR2 笔记本内存。

● **DDR3 内存**：相比 DDR2 有更低的工作电压，且性能更好，更加省电。从 DDR2 的4bit 预读取升级为 8bit 预读取，DDR3 内存采用了 0.08μm 制造工艺制造，其核心工作电压从 DDR2 的 1.8V 降至 1.5V，相关数据显示，DDR3 将比 DDR2 节省 30% 的功耗。在目前的多数家用计算机中，还在使用 DDR3 内存。图2-41 所示为 DDR3 内存。

图 2-40　DDR2 笔记本内存　　　　　图 2-41　DDR3 内存

● **DDR4 内存**：DDR4 内存是目前最新一代的内存类型，相比 DDR3，其性能的提升表现为 16bit 预读取机制（DDR3 为 8bit），在同样内核频率下，理论速度是DDR3 的 2 倍；有更可靠的传输规范，数据可靠性进一步提升；工作电压降为1.2V，更节能。

（二）主要性能参数

选购内存时，不仅要选择主流类型的内存，还要深入了解内存的各种性能指标，因为内存的性能指标是反映其性能的重要参数。下面介绍内存的主要性能指标。

1. **基本参数**

内存的基本参数主要是指内存的类型、容量和频率。

● **类型**：内存主要按照其工作性能进行分类，目前主流的内存是 DDR4。

● **容量**：容量是选购内存时优先考虑的性能指标，因为它代表了内存存储数据的多少，通常以 GB 为单位。单条内存容量越大越好。目前市面上主流的内存容量分为单条（容量为 2GB、4GB、8GB、16GB）和套装（容量为 2×4GB、4×4GB、2×8GB、4×8GB、2×16GB、4×16GB）两种。

知识
补充

内存套装

内存套装就是指各内存厂家把同一型号的两条或多条内存搭配组成的套装产品，内存套装的价格通常不会比分别买两条内存价格高出很多，但组成的系统却比两条单内存组成的系统稳定许多，所以在很长一段时间内，受到商业用户和超频玩家的青睐。

- **频率**：频率是指内存的主频，也可以称为工作频率，和 CPU 主频一样，习惯被用来表示内存的速度，它代表该内存所能达到的最高工作频率。内存主频越高，在一定程度上代表内存所能达到的速度越快。DDR3 内存主频有 1333MHz 及以下、1 600MHz、1 866MHz、2 133MHz、2 400MHz、2 666MHz、2 800MHz 和 3 000MHz 等几种；DDR4 内存主频有 2 133MHz、2 400MHz、2 666MHz、2 800MHz、3 000MHz、3 200MHz、3 400MHz、3 600MHz 和 4 000MHz 及以上等几种。

2. 技术参数

内存的技术参数主要包括以下 4 个方面。

- **工作电压**：内存的工作电压是指内存正常工作所需的电压值，不同类型内存的工作电压不同，DDR3 内存的工作电压一般在 1.5V 左右，DDR4 内存的工作电压一般在 1.2V 左右。电压越低，消耗的电能越少，也就更符合目前节能减排的要求。
- **CL 值**：列地址控制器延迟（CAS Latency，CL）是指从读命令有效（在时钟上升沿发出）开始，到输出端可提供数据为止的这一段时间。对于普通用户来说，不必太过在意 CL 值，只需要了解在同等工作频率下，CL 值低的内存更具有速度优势。
- **散热片**：目前主流的 DDR4 内存通常都带有散热片，其作用是降低内存的工作温度，提升内存的性能，改善计算机散热环境，相对保证并延长内存寿命。
- **灯条**：灯条是在内存散热片里加入的 LED 灯效，目前主流的内存灯条是 RGB 灯条，每隔一段距离就放置一个具备 RGB 三原色发光功能的 LED 灯珠，然后通过芯片控制 LED 灯珠实现不同颜色的光效，如流水光、彩虹光等。具备灯条的内存不仅颜值大幅提升，而且性能会更好。

（三）选购注意事项

在选购内存时，除了需要考虑内存的性能指标外，还需要从其他硬件支持和辨识真伪两方面来综合考虑。

1. 其他硬件支持

内存的类型很多，不同类型主板支持不同类型的内存，因此在选购内存时，需要考虑主板支持的内存类型。另外，CPU 的支持对内存也很重要，如在组建多通道内存时，一定要选购支持多通道技术的主板和 CPU。

2. 识别真伪

用户在选购内存时，需要结合各种方法辨别真伪，避免购买到"水货"和"返修货"。

- **网上验证**：可以到内存官方网站验证真伪，也可以通过官方微信公众号验证内存真伪。

● **售后**：许多名牌内存都为用户提供一年包换三年保修的售后服务，有的甚至会给出终生包换的承诺，购买售后服务好的产品，可以增强产品的质量保证。

● **价格**：在购买内存时，价格也非常重要，一定要货比三家，并选择价格较便宜的，但当价格过于低廉时，就应注意其是否是打磨过的产品。

任务四　认识和选购机械硬盘

硬盘是计算机硬件系统中最重要的数据存储设备，具有存储空间大、数据传输速度较快、安全系数较高等优点，因此计算机运行必需的操作系统、应用程序、大量的数据等都保存在硬盘中。现在的硬盘分为机械硬盘和固态硬盘两种类型，机械硬盘是传统的硬盘类型，平常所说的硬盘都是指机械硬盘。

一、任务目标

本任务将认识机械硬盘的外观与内部结构，了解其主要性能参数，并学习选购机械硬盘的方法。通过本任务的学习，读者可以全面了解机械硬盘，并学会如何选购机械硬盘。

二、相关知识

下面介绍机械硬盘的外观、内部结构、性能参数和选购注意事项的相关知识。

（一）认识机械硬盘

机械硬盘即传统普通硬盘，主要由盘片、磁头、传动臂、主轴电机和外部接口 5 个部分组成，硬盘的外形就是一个矩形的盒子，分为内外两个部分。

扫一扫

高清大图

1. 外观

硬盘的外部结构较简单，其正面一般是一张记录了硬盘相关信息的铭牌，如图 2-42 所示。背面是促使硬盘工作的主控芯片和集成电路，如图 2-43 所示。后侧是硬盘的电源线接口和数据线接口，硬盘的电源线接口和数据线接口都是 L 形，通常长一点的是电源线接口，短一点的是数据线接口，如图 2-44 所示。数据线接口通过 SATA 数据线与主板 SATA 插槽连接。

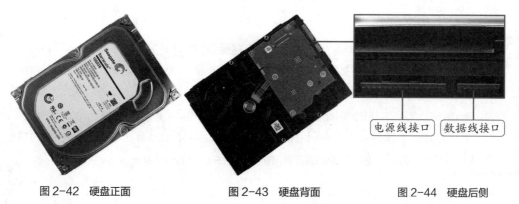

电源线接口　数据线接口

图 2-42　硬盘正面　　　　图 2-43　硬盘背面　　　　图 2-44　硬盘后侧

2. 内部结构

硬盘的内部结构比较复杂，主要由主轴电机、盘片、磁头和传动臂等部件组成，如图 2-45

所示。在硬盘中通常将磁性物质附着在盘片上，并将盘片安装在主轴电机上。当硬盘开始工作时，主轴电机将带动盘片一起转动，在盘片表面的磁头将在电路和传动臂的控制下移动，并将指定位置的数据读取出来，或将数据存储到指定的位置。

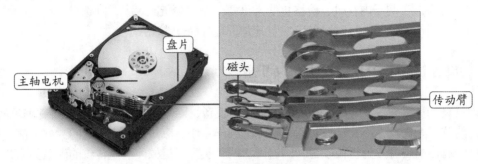

图2-45　硬盘内部结构

> **知识补充**
>
> ### 硬盘的磁头
>
> 　　硬盘盘片的上下两面各有一个磁头，磁头与盘片有极其微小的间距。如果磁头碰到了高速旋转的盘片，就会破坏其中存储的数据，磁头也会损坏。

（二）主要性能参数

只有了解机械硬盘的各种性能指标，才会对机械硬盘有较深刻的认识，从而选购到满意的产品。

1. 容量

容量是选购硬盘的主要性能指标之一，包括总容量、单碟容量、盘片数3项参数。

● **总容量**：用于表示硬盘能够存储多少数据的一项重要指标，通常以GB和TB为单位，目前主流的硬盘容量从250GB到16TB不等。

● **单碟容量**：单碟容量是指每张硬盘盘片的容量，硬盘的盘片数是有限的，增加单碟容量可以提升硬盘的数据传输速度，其记录密度同数据传输速率成正比，因此单碟容量才是硬盘容量最重要的性能参数，目前最大的单碟容量为1 200GB。

● **盘片数**：硬盘的盘片数一般为1~10，在总容量相等的条件下，盘片数越小，硬盘的性能越好。

>
> **知识补充**
>
> ### 硬盘的容量单位
>
> 　　硬盘容量单位包括字节（B，Byte）、千字节（KB，KiloByte）、兆字节（MB，MegaByte）、吉字节（GB，GigaByte）、太字节（TB，TeraByte）、拍字节（PB，PetaByte）、艾字节（EB，ExaByte）、泽字节（ZB，ZettaByte）和尧字节（YB，YottaByte）等，它们之间的换算关系为1YB=1 024ZB；1ZB=1 024EB；1EB=1 024PB；1PB=1 024TB；1TB=1 024GB；1GB=1 024MB；1MB=1 024KB；1KB=1 024B。

2. 接口

目前机械硬盘的接口类型主要是SATA（Serial ATA），即串行ATA。SATA接口提高了数据传输的可靠性，还具有结构简单、支持热插拔的优点。目前主要使用的SATA包含2.0

和 3.0 两种标准接口，SATA 2.0 标准接口的数据传输速率可达到 300MB/s，SATA 3.0 标准接口的数据传输速率可达到 600MB/s。

3. 传输速率

传输速率是衡量硬盘性能的重要指标之一，包括缓存、转速和接口速率 3 个参数。

- **缓存**：缓存的大小与速度是直接关系到硬盘传输速率的重要因素，当硬盘存取零碎数据时，需要不断地在硬盘与内存之间进行数据交换，如果缓存较大，则可以将那些零碎数据暂存在缓存中，减小外系统的负荷，同时提高数据的传输速率。目前主流硬盘的缓存有 8MB、16MB、32MB、64MB、128MB 和 256MB。
- **转速**：它是硬盘内电机主轴的旋转速度，也就是硬盘盘片在一分钟内所能完成的最大转数。转速是衡量硬盘档次和决定硬盘内部传输速率的关键因素之一。硬盘的转速越快，硬盘寻找文件的速度也就越快，相对地，硬盘的传输速率也就得到了提高。硬盘转速用每分钟多少转表示，单位为 r/min（转 / 分钟），其值越大越好。目前主流硬盘转速有 5 400r/min、5 900r/min、7 200r/min 和 10 000r/min 4 种。
- **接口速率**：接口速率是指硬盘接口读写数据的实际速率。SATA 2.0 标准接口的实际读写速率是 300MB/s，带宽为 3Gbit/s；SATA 3.0 标准接口的实际读写速率是 600MB/s，带宽为 6Gbit/s，这也是 SATA 3.0 标准接口性能更优越的原因。

（三）选购注意事项

选购机械硬盘时，除了各项性能指标外，还需要了解硬盘是否符合用户的需求，如硬盘的性价比、售后、品牌等。

- **性价比**：硬盘的性价比可通过计算每款产品的"每 GB 的价格"得出衡量值，计算方法是用产品市场价格除以产品容量得出"每 GB 的价格"，值越低，性价比越高。
- **售后**：硬盘中保存的都是相当重要的数据，因此硬盘的售后服务特别重要。目前硬盘的质保期多在 2~3 年，有些甚至长达 5 年。
- **品牌**：市面上生产硬盘的厂家主要有希捷、西部数据、东芝和 HGST。

任务五 认识和选购固态硬盘

固态硬盘在接口的规范和定义、功能及使用方法上与机械硬盘完全相同，在产品外形和尺寸上也与机械硬盘一致。由于其读写速度远远高于机械硬盘，且功耗比机械硬盘低，比机械硬盘轻便，防震抗摔，所以目前通常作为计算机的系统盘。

一、任务目标

本任务将认识固态硬盘的外观与内部结构，了解其主要性能参数，并学习选购固态硬盘的方法。通过本任务的学习，读者可以全面了解固态硬盘，并学会如何选购固态硬盘。

二、相关知识

下面介绍固态硬盘的外观、内部结构、性能参数和选购注意事项的相关知识。

（一）认识固态硬盘

固态硬盘（Solid State Drives，SSD）是用固态电子存储芯片阵列制成的硬盘，区别于机械硬盘由磁盘、磁头等机械部件构成，整个固态硬盘无机械装置，全部是由电子芯片及电路板组成的。

1. 外观

目前固态硬盘的外观，主要有 3 种样式。

● **与机械硬盘类似外观**：这种固态硬盘比较常见，也是普通固态硬盘外观，其外面是一层保护壳，里面是安装了电子存储芯片阵列的电路板，后面是数据线接口和电源接口，如图 2-46 所示。

● **裸电路板外观**：这种固态硬盘由直接在电路板上集成存储、控制和缓存的芯片和接口组成，如图 2-47 所示。

● **类显卡式外观**：这种固态硬盘的外观类似于显卡，接口也可以使用显卡的 PCI-E 接口，安装方式也与显卡相同，如图 2-48 所示。

  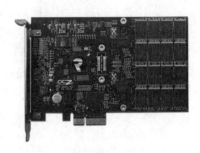

图 2-46　普通固态硬盘外观　　图 2-47　裸电路板固态硬盘外观　　图 2-48　类显卡式固态硬盘外观

2. 内部结构

固态硬盘的内部结构主要是指电路板上的结构，包括主控芯片、闪存颗粒和缓存单元，如图 2-49 所示。

图 2-49　固态硬盘的内部结构

● **主控芯片**：主控芯片是整个固态硬盘的核心器件，其作用是合理调配数据在各个闪存芯片上的负荷，以及承担整个数据中转、连接闪存芯片和外部接口的任务。当前主流的主控芯片厂商有 Marvell（俗称"马牌"）、SandForce、Silicon Motion（慧荣）、Phison（群联）、JMicron（智微）等。

● **闪存颗粒**：存储单元是硬盘的核心器件，而在固态硬盘中，闪存颗粒替代了机械磁盘成为了存储单元。

● **缓存单元**：缓存单元的作用表现在常用文件的随机读写，以及碎片文件的快速读写上，缓存芯片的市场规模不算太大，主流的缓存品牌包括三星和金士顿等。

（二）主要性能参数

只有了解固态硬盘的各种性能指标，才能对固态硬盘有较深刻的认识，从而选购到满意的产品。

1. 闪存颗粒的构架

固态硬盘成本的 80% 集中在闪存颗粒上，它不仅决定了固态硬盘的使用寿命，而且对固态硬盘的性能影响也非常大，而决定闪存颗粒性能的就是闪存构架。

固态硬盘中的闪存颗粒都是 NAND 闪存，因为 NAND 闪存具有非易失性存储的特性，即断电后仍能保存数据，因而被大范围运用。当前，主流的闪存颗粒厂商主要有 Toshiba（东芝）、Samsung（三星）、Intel、Micron（美光）、SKHynix（海力士）、Sandisk（闪迪）等。根据 NAND 闪存中电子单元密度的差异，将 NAND 闪存的构架分为 SLC、MLC 和 TLC 3 种，这 3 种闪存构架在寿命以及造价上有明显的区别。

- **SLC（单层式存储）**：单层电子结构写入数据时，电压变化区间小，寿命长，读写次数在 10 万以上，造价高，多用于企业级高端产品。
- **MLC（多层式存储）**：通过高低电压的不同构建的双层电子结构，寿命长，造价可接受，多用于民用中高端产品，读写次数在 5 000 左右。
- **TLC（三层式存储）**：TLC 是 MLC 闪存的延伸，TLC 达到 3bit/cell。存储密度最高，容量是 MLC 的 1.5 倍。造价成本最低，使用寿命低，读写次数在 1 000~2 000，是当下主流厂商首选的闪存颗粒。

2. 接口类型

固态硬盘的接口类型很多，目前市面上包括 SATA 3.0/2.0、M.2、Type-C、U.2、USB 3.1/3.0、PCI-E、SAS 和 PATA 等多种，但普通家用计算机中最常用的还是 SATA3 和 M.2 两种。

- **SATA3 接口**：SATA 是硬盘接口的标准规范，SATA3 和前面介绍的硬盘接口完全一样，这种接口的最大优势是非常成熟，能够发挥出主流固态硬盘的最大性能。
- **M.2 接口**：M.2 接口的原名是 NGFF 接口，其是设计来取代以前主流的 MSATA 接口的。不管是从小巧的规格尺寸上讲，还是从传输性能上讲，这种接口都要比 MSATA 接口好很多。另外，M.2 接口固态硬盘还支持 NVMe 标准，通过新的 NVMe 标准接入的固态硬盘，在性能方面提升得非常明显。M.2 SATA 接口能够同时支持 PCI-E 通道以及 SATA 通道，因此又分为 M.2 SATA 和 M.2 PCIe 两种类型。图 2-50 所示为 M.2 SATA 接口的固态硬盘。

> **知识补充**
>
> ## M.2 PCIe 接口和 M.2 SATA 接口的区别
>
> 首先直接从外观上区别，M.2 PCIe 接口的金手指只有两个部分，而 M.2 SATA 接口的金手指有 3 个部分，图 2-51 所示为 M.2 PCIe 接口的固态硬盘；其次，M.2 PCIe 接口的固态硬盘支持 PCI-E 通道，而 PCI-E ×4 通道的理论带宽已经达到 32Gbit/s，远远超过了 M.2 SATA 接口；最后，同等容量的固态硬盘，由于 M.2 PCIe 接口的性能更高，所以其价格也相对较高。

- **Type-C 接口和 USB 3.1/3.0 接口**：使用这 3 种接口的固态硬盘都被称为移动固态硬盘，可以通过主板外部接口中对应的接口连接计算机。
- **U.2 接口**：U.2 接口其实是 SATA 接口的衍生类型，可以看作 4 通道的 SATA 接口，U.2 接口的固态硬盘支持 NVMe 协议，传输带宽理论上会达到 32Gbit/s，使用这种接口的固态硬盘需要主板上有专用的 U.2 插槽。

图 2-50　M.2 SATA 接口的固态硬盘　　　　图 2-51　M.2 PCIe 接口的固态硬盘

● **PCI-E 接口**：这种接口对应主板上面的 PCI-E 插槽，与显卡的 PCI-E 接口完全相同。PCI-E 接口的固态硬盘最开始主要是在企业级市场使用，因为它需要不同的主控，所以在提升性能的基础上，成本也高了不少。在目前的市场上，PCI-E 接口的固态硬盘通常定位都是企业或高端用户使用。图 2-52 所示为 PCI-E 接口的固态硬盘。

● **基于 NVMe 标准的 PCI-E 接口**：NVMe（Non-Volatile Memory Express，即非易失性存储器）标准是面向 PCI-E 接口的固态硬盘，使用原生 PCI-E 通道与 CPU 直连可以免去 SATA 与 SAS 接口的平台控制器（Platform Controller Hub,PCH）与 CPU 通信带来的延时。基于 NVMe 标准的 PCI-E 接口固态硬盘其实就是将一块支持 NVMe 标准的 M.2 接口固态硬盘，安装在支持 NVMe 标准的 PCI-E 接口的电路板上组成的，如图 2-53 所示。这种固态硬盘的 M.2 接口最高支持 PCI-E 2.0×4 总线，理论带宽达到 2GB/s，远胜于 SATA 接口的 600MB/s。如果主板上有 M.2 插槽，便可以将 M.2 接口的固态硬盘主体拆下直接插在主板上，不占用机箱其他内部空间，相当方便。

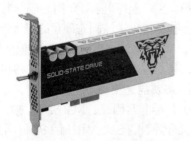

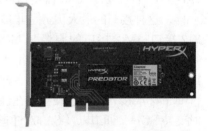

图 2-52　PCI-E 接口的固态硬盘　　　　图 2-53　基于 NVMe 标准的 PCI-E 接口固态硬盘

● **SAS 接口**：SAS 和 SATA 都是采用串行技术的数据存储接口，采用 SAS 接口的固态硬盘支持双向全双工模式，性能超过 SATA 接口，但价格较高，产品定位于企业级。

● **PATA 接口**：PATA 就是并行 ATA 硬盘接口规范，也就是通常所说的 IDE 接口，定位于消费类和工控类，现在已经逐步淡出主流市场。

（三）选购注意事项

选购固态硬盘时，除了各项性能指标外，还需要了解固态硬盘的优缺点和主流品牌等。

1. 固态硬盘的优点

固态硬盘相对于机械硬盘的优势主要体现在以下 5 个方面。

● **读写速度快**：固态硬盘采用闪存作为存储介质，读取速度比机械硬盘更快。例如，最常见的 7 200r/min 机械硬盘的寻道时间一般为 12~14ms，而固态硬盘可以轻易达到 0.1ms 甚至更低。

● **防震抗摔性**：固态硬盘采用闪存作为存储介质，不怕震摔。

● **低功耗**：固态硬盘的功耗要低于传统硬盘。

- **无噪声**：固态硬盘没有机械电机和风扇，工作时噪声值为 0dB，而且具有发热量小、散热快等特点。
- **轻便**：固态硬盘的质量更轻，与常规机械硬盘相比，质量轻 20~30g。

2. 固态硬盘的缺点

与机械硬盘相比，固态硬盘也有不足之处。

- **容量**：固态硬盘最大容量目前仅为 4TB。
- **寿命限制**：固态硬盘闪存具有擦写次数限制的问题，SLC 构架有 10 万次的写入寿命；成本较低的 MLC 构架，写入寿命仅有 5 000 次；而廉价的 TLC 构架，写入寿命仅有 1 000~2 000 次。
- **售价高**：相同容量的固态硬盘的价格比机械硬盘贵，有的甚至贵 10 倍到几十倍。

3. 固态硬盘的主流品牌

固态硬盘的品牌包括三星、英睿达、闪迪、影驰、浦科特、镁光、台电、科赋、西部数据、Intel、东芝及金士顿等。其中，三星是唯一一家拥有主控、闪存、缓存、固件算法一体式开发、制造实力的厂商。三星、闪迪、东芝、镁光拥有其他厂商可望不可求的上游芯片资源。

任务六　认识和选购显卡

显卡一般是一块独立的电路板，插在主板上，接收由主机发出的控制显示系统工作的指令和显示内容的数字信号，然后通过输出模拟信号或数字信号控制显示器显示各种字符和图形，它和显示器构成了计算机系统的图像显示系统。

一、任务目标

本任务将认识显卡的外观与结构，了解显卡的主要性能参数，并学习选购显卡的方法。通过本任务的学习，读者可以全面了解显卡，并学会如何选购显卡。

二、相关知识

下面介绍显卡的外观、结构、性能参数和选购注意事项的相关知识。

（一）认识显卡

扫一扫

高清大图

从外观上看，显卡主要由显示芯片（GPU）、显存、金手指、DVI 接口、HDMI 接口、DP 接口和外接电源接口等几部分组成，如图 2-54 所示。

- **显示芯片**：它是显卡最重要的部分，其主要作用是处理软件指令，让显卡能完成某些特定的绘图功能，它直接决定了显卡的好坏。由于显示芯片发热量巨大，因此往往在其上面覆盖散热器进行散热。
- **显存**：它是显卡用来临时存储显示数据的部件，其容量与存取速度对显卡的整体性能有着举足轻重的影响，而且将直接影响显示的分辨率和色彩位数，其容量越大，所能显示的分辨率及色彩位数越高。
- **金手指**：它是连接显卡和主板的通道，不同结构的金手指代表不同的主板接口，目前主流的显卡金手指为 PCI-E 接口类型。
- **DVI（Digital Visual Interface）接口**：数字视频接口，它可将显卡中的数字信号直接传输到显示器，使显示出来的图像更加真实自然。

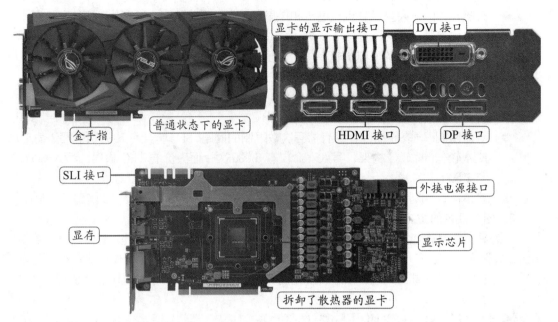

图 2-54 显卡的外观

- **HDMI（High Definition Multimedia）接口：** 高清晰度多媒体接口，它可以提供高达 5Gbit/s 的数据传输带宽，传送无压缩音频信号及高分辨率视频信号，也是目前使用最多的视频接口。

- **DP（Display Port）接口：** 它也是一种高清数字显示接口，可以连接计算机和显示器，也可以连接计算机和家庭影院，它是作为 HDMI 的竞争对手和 DVI 的潜在继任者被开发出来的。可提供的带宽高达 10.8Gbit/s，充足的带宽满足了今后大尺寸显示设备对更高分辨率的需求，目前大多数中高端显卡都配备了 DP 接口。

知识补充

Type-C 接口

　　Type-C 接口是显卡中一种面向未来的 VR 接口，该接口可以连接一根 Type-C 线缆，传输 VR 眼镜需要的所有数据，包括高清的音频视频，也可以连接显示器中的 Type-C 接口，传输视频数据，如图 2-55 所示。

- **外接电源接口：** 显卡通常通过 PCI-E 接口由主板供电，但现在很多显卡的功耗都较大，所以需要外接电源独立供电。这时，就需要在主板上设置外接电源接口，其通常是 8 针或 6 针，如图 2-56 所示。

图 2-55　Type-C 接口

图 2-56　外接电源接口

（二）主要性能参数

显卡的性能通常由显示芯片、显存规格、散热方式、多GPU技术和流处理器等因素决定。

1. 显示芯片

显示芯片主要包括制造工艺、核心频率、芯片厂商和芯片型号4种参数。

● **制造工艺**：显示芯片的制造工艺与CPU一样，也是用来衡量其加工精度的。制造工艺的提高，意味着显示芯片体积将更小、集成度更高、性能更加强大、功耗也将降低，现在主流芯片的制造工艺为28nm、16nm、14nm、12nm和7nm。

● **核心频率**：它是指显示核心的工作频率，在同样级别的芯片中，核心频率高的性能较强。但显卡的性能由核心频率、显存、像素管线和像素填充率等多方面的因素决定，因此在芯片不同的情况下，核心频率高并不代表此显卡性能强。

● **芯片厂商**：显示芯片主要有NVIDIA和AMD两个厂商。

● **芯片型号**：不同芯片型号适用的范围是不同的，如表2-1所示。

表2-1 目前显卡芯片型号分类

	NVIDIA	AMD
入门	GTX 750/750Ti/1050/1050Ti、GT 1030	R7 350/360、R9 370/370X、RX 460/550/560/560D
主流	GTX Titan/950/970/980/980Ti/1070/1070Ti/1080/1065/1065 SUPER/1660/1660Ti/1660 SUPER、RTX 2060/2060 SUPER	R9 380/380X/390/390X/470/470D/570/580/590/560XT、RX FURY X、RX Vega 56/64、RX 5500 XT、RX 5600 XT、RX 5700
发烧	GTX 1060/1080Ti、RTX 2070/2080、RTX 2070/2080 SUPER、RTX 2080Ti	RX 480/550、Radeon VII、RX 5700XT

2. 显存规格

显存是显卡的关键核心部件之一，它的优劣和容量大小会直接关系到显卡的最终性能，如果说显示芯片决定了显卡所能提供的功能和基本性能，那么，显卡性能的发挥很大程度上取决于显存，因为无论显示芯片的性能如何出众，其性能最终都要通过配套的显存来发挥。显存规格主要包括显存频率、显存容量、显存位宽、显存速度、最大分辨率和显存类型等参数。

● **显存频率**：它是指默认情况下，该显存在显卡上工作时的频率，以MHz（兆赫兹）为单位。显存频率一定程度上反映了该显存的速度，其随着显存的类型和性能的不同而不同，在同样类型下，频率越高，性能越强。

● **显存容量**：从理论上讲，显存容量决定了显示芯片处理的数据量，显存容量越大，显卡性能越好，目前市场上显卡的显存容量从1GB到24GB不等。

● **显存位宽**：通常情况下，把显存位宽理解为数据进出通道的大小，在运行频率和显存容量相同的情况下，显存位宽越大，数据的吞吐量越大，显卡的性能越好。目前市场上显卡的显存位宽从64bit到4 096bit不等。

● **显存速度**：显存的时钟周期就是显存时钟脉冲的重复周期，它是衡量显存速度的重要指标。显存速度越快，单位时间交换的数据量越大，在同等情况下，显卡性能也就越强。显存频率与显存时钟周期之间为倒数关系（也可以说显存频率与显存速度之间为倒数关系），显存时钟周期越小，显存频率越高，显存的速度越快，展示出来的显卡性能也就越好。

- **最大分辨率**：最大分辨率表示显卡输出给显示器，并能在显示器上描绘像素的数量。分辨率越大，所能显示图像的像素就越多，并且能显示更多的细节，当然也就越清晰。最大分辨率在一定程度上与显存有直接关系，因为这些像素的数据最初都要存储于显存内，因此显存容量会影响到最大分辨率。现在显卡的最大分辨率为 2 560px×1 600px、3 840px×2 160px、4 096px×2 160px 和 7 680px×4 320px 及以上。
- **显存类型**：显存类型也是影响显卡性能的重要参数之一，目前市面上的显存主要有 HBM 和 GDDR 两种。GDDR 显存在很长一段时间内是市场的主流类型，从过去的 GDDR1 一直到现在的 GDDR5 和 GDDR5X。HBM 显存是最新一代的显存，用来替代 GDDR，它采用堆叠技术，减少了显存的体积，增加了位宽，其单颗粒的位宽是 1 024bit，是 GDDR5 的 32 倍。在同等容量的情况下，HBM 显存性能比 GDDR5 提升 65%，功耗降低 40%。最新的 HBM2 显存的性能可在原来的基础上翻一倍。

3. 散热方式

随着显卡核心工作频率与显存工作频率的不断提升，显卡芯片和显存的发热量也在增加，显卡都会进行必要的散热，因此优秀的散热方式也是选购显卡的重要指标之一。

- **主动式散热**：这种方式是在散热片上安装散热风扇，也是显卡的主要散热方式，目前大多数显卡都采用这种散热方式。
- **水冷式散热**：这种散热方式的散热效果好，没有噪声，但由于散热部件较多，需要占用较大的机箱空间，所以导致成本较高。

4. 多 GPU 技术

在显卡技术发展到一定水平的情况下，利用"多 GPU"技术，可以在单位时间内提升显卡的性能。所谓的"多 GPU"技术，就是联合使用多个 GPU 核心的运算力，来得到高于单个 GPU 的性能，提升计算机的显示性能。NVIDIA 的多 GPU 技术叫作 SLI，AMD 的叫作 CF。

- **可升级连接接口**：可升级连接接口（Scalable Link Interface，SLI）是 NVIDIA 公司的专利技术，它通过一种特殊的接口连接方式（称为 SLI 桥接器或者显卡连接器），在一块支持 SLI 技术的主板上，同时连接并使用多块显卡，提升计算机的图形处理能力。图 2-57 所示为双卡 SLI。
- **交叉火力**：交叉火力（CrossFire，CF）简称交火，是 AMD 公司的多 GPU 技术，它通过 CF 桥接器让多张显卡同时在一台计算机上连接使用，以增加运算效能。图 2-58 所示为显卡上的 CF 接口，通常在显卡的顶部。

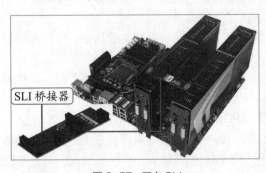

图 2-57　双卡 SLI　　　　图 2-58　显卡上的 CF 接口

- **Hybird SLI/CF**：它是通常所说的混合交火技术，利用处理器显卡和普通显卡进行交火，从而提升计算机的显示性能，最高可以将计算机的图形处理能力提高 150%

左右，但还达不到 SLI/CF 的 180%。相比 SLI/CF，中低端显卡用户可以通过混合交火带来性价比的提升和使用成本的降低；高端显卡用户则在一些特定的模式下，通过混合交火支持的独立显示芯片休眠功能来控制显卡的功耗，节约能源。

知识补充

SLI/CF 桥接器

SLI/CF 桥接器是专门用多张一样的显卡组建 SLI/CF 系统使用的一个连接装备，通过这个桥接器，连接在一起的多张显卡的数据可以直接进行相互传输。

---

5. 流处理器

流处理器（Stream Processor，SP）对显卡性能有决定性作用，可以说高中低端的显卡除了核心不同外，最主要的差别就在于流处理器数量，流处理器越多，显卡的图形处理能力越强，一般成正比关系。流处理器很重要，但 NVIDIA 和 AMD 同样级别显卡的流处理器数量却相差巨大，这是因为这两种显卡使用的流处理器种类不一样。

● **AMD**：AMD 公司的显卡使用的是超标量流处理器，其特点是浮点运算能力强大，表现在图形处理上则是偏重于图像的画面和画质。

● **NVIDIA**：NVIDIA 公司的显卡使用的是矢量流处理器，其特点是每个流处理器都具有完整的 ALU（算术逻辑单元）功能，表现在图形处理上则是偏重于处理速度。

● **NVIDIA 和 AMD 的区别**：NVIDIA 显卡的流处理器图形处理速度快，AMD 显卡的流处理器图形处理画面好。NVIDIA 显卡的一个矢量流处理器可以完成 AMD 显卡 5 个超标量流处理器的工作任务，也就是 1 : 5 的换算关系。如果某 AMD 显卡的流处理器为 480 个，则其性能相当于只有 96 个流处理器的 NVIDIA 显卡。

（三）选购注意事项

在组装计算机时选购显卡的用户，通常都对计算机的显示性能和图形处理能力有较高的要求，所以在选购显卡时，一定要注意以下 5 个方面的问题。

● **选料**：如果显卡的选料上乘，做工优良，这块显卡的性能就较好，但价格相对也较高；如果一款显卡价格低于同档次的其他显卡，那么这块显卡的做工可能稍次。

● **做工**：一款性能优良的显卡，其 PCB 板、线路和各种元件的分布也比较规范，层数多的 PCB 板可以增加走线的灵活性，可以减少信号干扰。

● **布线**：为使显卡正常工作，显卡内通常密布着许多电子线路，用户可直观地看到这些线路。正规厂家的显卡布局清晰、整齐，各个线路间都保持了比较固定的距离，各种元件也非常齐全，而低端显卡上则常会出现空白的区域。

● **包装**：一块通过正规渠道进货的新显卡，包装盒上的封条一般都是完整的，而且显卡上有中文的产品标记和生产厂商的名称、产品型号和规格等信息。

● **品牌**：大品牌的显卡做工精良，售后服务也好，定位于低中高不同市场的产品也多，方便用户选购。市场上的主流显卡品牌包括七彩虹、影驰、索泰、微星、XFX 讯景、华硕、蓝宝石、技嘉、迪兰和耕升等。

任务七　认识和选购显示器

计算机的图像输出系统是由显卡和显示器组成的，显卡处理的各种图像数据最后都是通过显示器呈现在我们眼前，显示器的好坏有时候能直接反映计算机的性能。

一、任务目标

本任务将认识显示器的类型，了解显示器的主要性能参数，并学习选购显示器的方法。通过本任务的学习，读者可以全面了解显示器，并学会如何选购显示器。

二、相关知识

下面介绍显示器的类型、性能参数和选购注意事项的相关知识。

（一）认识显示器

现在市面上的显示器都是液晶显示器（Liquid Crystal Display，LCD），它具有无辐射危害、屏幕不会闪烁、工作电压低、功耗小、质量轻和体积小等优点。显示器通常分为正面和背面，另外还有各种控制按钮和接口，如图2-59所示。

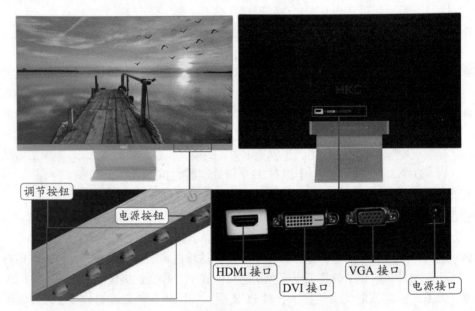

图 2-59　显示器外观

现在市面上的显示器又分为以下3种类型。

● **LED 显示器**：LED 就是发光二极管，LED 显示器是由发光二极管组成显示屏的显示器。LED 显示器在亮度、功耗、可视角度和刷新速率等方面都更具优势，其单个元素反应速度是LCD屏的1 000倍，在强光下也非常清楚，并且能适应 -40℃的低温。

● **6K 显示器**：6K 显示器并不是一种特殊技术的显示器，而是指最大分辨率达到 6K标准的显示器。分辨率是指显示器所能显示的像素有多少，通常用显示器在水平和垂直显示方向能够达到的最大像素点表示。标清 720P 为 1 280px×720px，高清 1 080P 为 1 920px×1 080px，超清 1 440P 为 2 560px×1 440px，超高清 4K 为4 096px×2 160px，6K 为 6 016px×3 384px，而 8K 分辨率为 7 680px×4 320px。

● **曲面显示器**：曲面显示器是指面板带有弧度的显示器，如图 2-60 所示。曲面屏幕的弧度可以保证眼睛的距离均等，从而带来比普通显示器更好的感官体验。曲面显示器完全可以取代普通显示器的所有功能，而且可以带来更好的影音游戏体验。

图 2-60　曲面显示器

（二）主要性能参数

显示器的性能指标主要包括以下 9 种。

- **显示屏尺寸**：包括 20inch（折合约 51cm）以下、20~22inch（51 ~ 56cm）、23~26inch（58 ~ 66cm）、27~30inch（69 ~ 76cm）及 30inch（76cm）以上等。

- **屏幕比例**：屏幕比例是指显示器屏幕画面纵向和横向的比例，包括普屏 4 ：3、宽屏 16 ：9 和 16 ：0、超宽屏 21 ：9 和 32 ：9 这 5 种类型。

- **面板类型**：目前市面上主要有 TN、ADS、PLS、VA 和 IPS 5 种类型。其中，TN 面板应用于入门级产品，优点是响应时间容易提高，辐射水平很低，眼睛不易产生疲劳感；缺点是可视角度受到了一定的限制，不会超过 160°。ADS 面板并不多见，其他各项性能指标通常略低于 IPS，由于其价格比较低廉，所以也被称为廉价 IPS。PLS 面板主要用在三星显示器上，性能与 IPS 面板非常接近。VA 面板分为 MVA 和 PVA 两种，后者是前者的继承和改良，优点是可视角度大，黑色表现也更为纯净，对比度高，色彩还原准确；缺点是功耗比较高，响应时间比较慢，面板的均匀性一般，可视角度比 IPS 面板稍差。IPS 面板是目前显示器面板的主流类型，优点是可视角度大，色彩真实，动态画质出色，节能环保；缺点是可能出现大面积的边缘漏光。

**知识
补充**

IPS 面板类型

　　市面上的 IPS 面板又分为 S-IPS、H-IPS、E-IPS 和 AH-IPS 4 种类型，从性能上看，这 4 种 IPS 面板的排位是 H-IPS>S-IPS>AH-IPS>E-IPS。

- **对比度**：对比度越高，显示器的显示质量也就越高，特别是玩游戏或观看影片时，更高对比度的显示器可得到更好的显示效果。

- **动态对比度**：动态对比度是指液晶显示器在某些特定情况下测得的对比度数值，其目的是保证明亮场景的亮度和昏暗场景的暗度。所以，动态对比度对于那些需要频繁在明亮场景和昏暗场景切换的应用，如看电影有较为明显的实际意义。

- **亮度**：亮度越高，显示画面的层次越丰富，显示质量也就越高。亮度单位为 cd/m^2，市面上主流显示器的亮度为 $250cd/m^2$。需要注意的是，亮度太高的显示器不一定就是好的产品，画面过亮容易引起视觉疲劳，还会使纯黑与纯白的对比降低，影响色阶和灰阶的表现。

- **可视角度**：可视角度是指站在位于显示器旁的某个角度时，仍可清晰看见影像的最大角度，由于每个人的视力不同，因此以对比度为准，在最大可视角度时所量到的对比度越大越好，主流显示器的可视角度都在 160° 以上。

- 灰阶响应时间：当玩游戏或看电影时，显示器屏幕内容不可能只做最黑与最白之间的切换，而是五颜六色的多彩画面或深浅不同的层次变化，这些都是在做灰阶间的转换。灰阶响应时间短的显示器画面质量更好，尤其是在播放运动图像时，目前主流显示器的灰阶响应时间一般控制在 6ms 以下。

- 刷新率：刷新率是指电子束对屏幕上的图像重复扫描的次数。刷新率越高，所显示图像（画面）的稳定性就越好。只有在高分辨率下达到高刷新率的显示器才是性能优秀的显示器。市面上显示器的刷新率有 75Hz、120Hz、144Hz、165Hz 和 200Hz 及以上等多种类型。

（三）选购注意事项

在选购显示器时，除了需要注意其各种性能指标外，还应注意下面 5 个问题。

- 选购目的：如果是一般家庭和办公用户，建议购买 LED 显示器，环保无辐射，性价比高；如果是游戏或娱乐用户，可以考虑曲面显示器，颜色鲜艳，视角清晰；如果是图形图像设计用户，最好使用大屏幕 4K 显示器，图像色彩鲜艳，画面逼真。

- 测试坏点：坏点数是衡量 LCD 液晶面板质量的一个重要标准，而目前液晶面板的生产线技术还不能做到显示屏完全无坏点。检测坏点时，可在显示屏上显示全白或全黑的图像，在全白的图像上出现的黑点，或在全黑的图像上出现的白点，都被称为坏点，通常超过 3 个坏点就不能选购。

- 显示接口的匹配：显示接口的匹配是指显示器上的显示接口应该和显卡或主板上的显示接口至少有一个相同，这样才能通过数据线连接在一起。如某台显示器有 VGA 和 HDMI 两种显示接口，而连接的计算机显卡上只有 VGA 和 DVI 显示接口，虽然也能够通过 VGA 接口连接，但显示效果没有 DVI 或 HDMI 接口连接的好。

- 选购技巧：在选购显示器的过程中，应该买大不买小，通常 16：9 比例的大尺寸产品更具有购买价值，是用户选购时最值得关注的显示器规格。

- 主流品牌：常见的显示器主流品牌有三星、HKC、优派、冠捷（AOC）、飞利浦、明基、宏基（Acer）、长城、戴尔、TCL、联想、航嘉、泰坦军团、创维及华硕等。

任务八　认识和选购机箱及电源

机箱和电源通常都是安装在一起出售的，但也可根据用户需要单独购买，在选购时需要问清楚两者是否是捆绑销售。

一、任务目标

本任务将了解和认识机箱的结构、功能、样式、类型和选购注意事项；了解和认识电源的结构、基本参数、安规认证、选购注意事项。通过本任务的学习，读者可以全面了解机箱和电源，并学会如何选购。

扫一扫

高清大图

二、相关知识

下面介绍选购机箱和电源的相关知识。

（一）认识和选购机箱

机箱的主要作用是放置和固定各计算机硬件，并屏蔽电磁辐射。

1. 机箱的结构

从外观上看，机箱一般为矩形框架结构，主要用于为主板、各种输入卡或输出卡、硬盘驱动器、光盘驱动器、电源等部件提供安装支架。图2-61所示为机箱的外观和内部结构图。

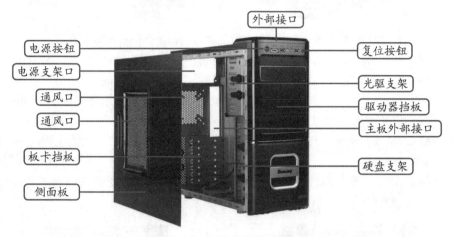

图2-61 机箱的外观和内部结构图

2. 机箱的功能

机箱的主要功能是为计算机的核心部件提供保护。如果没有机箱，CPU、主板、内存和显卡等部件就会裸露在空气中，不仅不安全，而且空气中的灰尘会影响其正常工作，这些部件甚至会氧化和损坏。机箱的具体功能主要有以下4个方面。

● 机箱面板上有许多指示灯，可方便用户观察系统的运行情况。

● 机箱为CPU、主板、各种板卡和存储设备及电源提供了放置空间，并通过其内部的支架和螺钉将这些部件固定，形成一个集装型的整体，起到了保护罩的作用。

● 机箱坚实的外壳不但能保护其中的设备，包括防压、防冲击和防尘等，还能起到防电磁干扰和防辐射的作用。

● 机箱面板上的开机和重新启动按钮可使用户方便地控制计算机的启动和关闭。

3. 机箱的样式

机箱的样式主要有立式、卧式和立卧两用式，具体介绍如下。

● **立式机箱**：主流计算机的机箱外形大部分都为立式，立式机箱的电源在上方，其散热性比卧式机箱好。立式机箱没有高度限制，理论上可以安装更多的驱动器和硬盘，并使计算机内部设备安装的位置分布得更科学，散热性更好。

● **卧式机箱**：这种机箱外形小巧，整台计算机外观的一体感也比立式机箱强，占用空间相对较少。随着高清视频播放技术的发展，很多视频娱乐计算机都采用这种机箱，其外面板还具备视频播放能力，非常时尚美观，如图2-62所示。

● **立卧两用式机箱**：这种机箱设计适用不同的放置环境，既可以像立式机箱一样具有更多的内部空间，也能像卧式机箱一样占用较少的外部空间，如图2-63所示。

4. 机箱的类型

不同结构类型的机箱中需要安装对应结构类型的主板，机箱的结构类型如下。

图 2-62　卧式机箱

图 2-63　立卧两用式机箱

● **ATX**：在 ATX 结构中，主板安装在机箱的左上方，并且横向放置，而电源安装在机箱的右上方，在前置面板上安装存储设备，并且在后置面板上预留了各种外部端口的位置，这样可使机箱内的空间更加宽敞简洁，且有利于散热。ATX 机箱中通常安装 ATX 主板，如图 2-64 所示。

● **MATX**：MATX 也称 Mini ATX 或 Micro ATX，是 ATX 结构的简化版。其主板尺寸和电源结构更小，生产成本也相对较低。最多支持 4 个扩充槽，机箱体积较小，扩展性有限，只适合对计算机性能要求不高的用户。MATX 机箱中通常安装 M-ATX 主板，如图 2-65 所示。

图 2-64　ATX 机箱

图 2-65　MATX 机箱

● **ITX**：它代表计算机微型化的发展方向，这种结构的机箱只相当于两块显卡的大小，但为了外观精美，ITX 机箱的外观样式也并不完全相同，除了安装对应主板的空间一样外，ITX 机箱可以有多种形状。HTPC 通常使用的就是 ITX 机箱，ITX 机箱中通常安装 Mini-ITX 主板，如图 2-66 所示。

● **RTX**：RTX（Reversed Technology Extended）机箱（见图 2-67）主要是通过巧妙的主板倒置，以配合电源下置和背部走线系统。这种机箱结构可以提高 CPU 和显卡的热效能，解决以往背线机箱需要超长线材电源的问题，使空间利用率更合理。RTX 有望成为下一代机箱的主流结构类型。

知识补充

家用台式机箱的类型

　　家用台式机箱主要以立式机箱为主，也称为塔式机箱，可分为全塔、中塔、Mini 和开放式 4 种类型。通常全塔机箱拥有 4 个以上的光驱位，中塔机箱拥有 3~4 个光驱位，而 Mini 机箱仅有 1~2 个光驱位。全塔式机箱很大，有较好的散热空间，可以装下服务器用的主板和 E-ATX 主板。日常最常见的机箱都属于中塔，可以支持普通 ATX 主板和较大的 ATX 版型的主板。

图 2-66　ITX 机箱

图 2-67　RTX 机箱

5. 选购机箱的注意事项

在选购机箱时，除了必须要具有以上所提到的良好性能指标外，还需要考虑机箱的做工、用料，以及附加功能，并了解机箱的主流品牌。

● **做工和用料**：做工方面首先要查看机箱的边缘是否垂直，对于合格的机箱来说，这是最基本的标准，然后查看机箱的边缘是否采用卷边设计并已经去除毛刺。好的机箱插槽定位准确，箱内还有撑杆，以防止侧面板下沉。用料方面首先要查看机箱的钢板材料，好的机箱采用的是镀锌钢板，然后查看钢板的厚度，现在的主流厚度为 0.6mm，一些优质的机箱会采用 0.8mm 或 1mm 厚度的钢板。机箱的重量在某种程度上决定了其可靠性和屏蔽机箱内外部电磁辐射的能力。

● **附加功能**：为了方便用户使用耳机和 U 盘等设备，许多机箱都在正面的面板上设置了音频插孔和 USB 接口。有的机箱还在面板上添加了液晶显示屏，实时显示机箱内部的温度等。用户在挑选时，应根据需要尽量买性价比更高的产品。

● **主流品牌**：主流的机箱品牌有游戏悍将、航嘉、鑫谷、爱国者、金河田、先马、长城、Tt、海盗船、酷冷至尊、安钛克、GAMEMAX、大水牛、至睿和超频三等。

（二）认识和选购电源

电源（Power）是为计算机提供动力的部件，它通常与机箱一同出售，但也可根据用户的需要单独购买。

扫一扫

高清大图

1. 电源的结构

电源是计算机的心脏，它为计算机工作提供动力，电源不仅直接影响计算机的工作稳定程度，还与计算机使用寿命息息相关。图 2-68 所示为电源的外观结构。

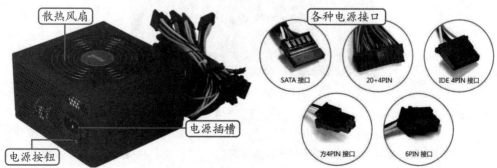

散热风扇

各种电源接口

SATA 接口　　20+4PIN　　IDE 4PIN 接口

方4PIN 接口　　6PIN 接口

电源插槽

电源按钮

图 2-68　电源的外观结构

● **电源插槽**：电源插槽是专用的电源线连接口，通常是一个三针的接口。需要注意的是，电源线插入的交流插线板，其接地插孔必须已经接地，否则计算机中的静电将不能有效释放，这可能导致计算机硬件被静电烧坏。

● **SATA 电源插头（SATA 接口）**：它是为硬盘提供电能供应的通道。它比 D 形电源插头要窄一些，但安装起来更加方便。

● **24 针主板电源插头（20+4PIN）**：该插头是提供主板所需电能的通道。在早期，主电源接口是一个 20 针的插头，为了满足 PCI-E 16X 和 DDR2 内存等设备的电能消耗，目前主流的电源主板接口都在原来 20 针插头的基础上增加了一个 4 针的插头。

● **辅助电源插头**：辅助电源插头是为 CPU 提供电能供应的通道，它有 4 针、6 针和 8 针等类型，可以为 CPU 和显卡等硬件提供辅助电源。

2. 电源的基本参数

影响电源性能指标的基本参数包括风扇大小、额定功率和出线类型。

● **风扇大小**：电源的散热方式主要是风扇散热，风扇的大小有 8cm、12cm、13.5cm 和 14cm 4 种，风扇越大，散热效果越好。

● **额定功率**：额定功率是指支持计算机正常工作的功率，是电源的输出功率，单位为 W（瓦特）。市面上电源的功率从 250W 到 2 000W 不等，计算机的配件较多，需要 300W 以上的电源才能满足需要。根据实际测试，计算机进行不同操作时，其实际功率不同，且电源额定功率越大越省电。

● **出线类型**：电源市场目前有模组、半模组和非模组 3 种出线类型，其主要区别是模组所有的线缆都是以接口的形式存在，可以拆掉；半模组除主板供电和 CPU 供电集成外，其他供电都是模组形式；非模组则是所有线缆都集成在电源上。同等规格下，模组电源的工作和转换效率都低于非模组电源，模组电源大多定位于高端市场。

3. 电源的安规认证

安规认证包含了产品安全认证、电磁兼容认证、环保认证、能源认证等各方面，是基于保护使用者与环境安全和质量的一种产品认证，能够反映电源产品质量的安规认证包括 80PLUS、3C、CE 和 RoHS 等，对应的标志通常在电源铭牌上标注，如图 2-69 所示。

图 2-69 电源铭牌

● **80PLUS 认证**：80PLUS 是为改善未来环境与节省能源建立的一项严格的节能标准，通过 80PLUS 认证的产品，出厂后会带有 80PLUS 的认证标识。其认证按照 20%、50% 和 80% 3 种负载下的产品效率划分等级，要求在这些负载下转换效率均需要超过一定水准才能颁发认证，从低到高分为白牌、铜牌、银牌、金牌、铂金牌和钛金牌 6 个认证标准，钛金牌等级最高，效率也最高。

- **3C 认证**：中国国家强制性产品认证（China Compulsory Certification），简称 3C 认证，正品电源都应该通过 3C 认证。

4. 选购电源的注意事项

选购电源时，还需要注意以下两个方面的问题。

- **注意做工**：判断一款电源做工的好坏，可先从重量开始，一般高档电源重量比次等电源重；其次，优质电源使用的电源输出线一般较粗；且从电源上的散热孔观察其内部，可看到体积和厚度都较大的金属散热片和各种电子元件，优质的电源用料较多，这些部件排列得也较为紧密。

- **主流品牌**：主流的电源品牌有航嘉、鑫谷、爱国者、金河田、先马、至睿、长城、游戏悍将、超频三、海盗船、GAMEMAX、安钛克、振华、酷冷至尊、大水牛、Tt、华硕、台达、昂达、海韵、九州风神和多彩等。

任务九　认识和选购鼠标及键盘

鼠标和键盘是计算机的主要输入设备，虽然现在有触摸式计算机，但对于各种操作和文字输入，使用鼠标和键盘会更方便快捷。

一、任务目标

本任务将了解和认识鼠标及键盘的外观、性能参数和选购注意事项。通过本任务的学习，读者可以全面了解鼠标和键盘，并学会如何选购。

二、相关知识

下面介绍选购鼠标和键盘的相关知识。

（一）认识和选购鼠标

鼠标对于计算机的重要性甚至超过了键盘，因为所有的操作都可以通过鼠标进行，即使是文本输入，也可以通过鼠标进行，下面介绍鼠标的相关知识。

1. 鼠标的外观

鼠标是计算机的两大输入设备之一，因其英文名称为 Mouse（老鼠），所以得名鼠标。鼠标可完成单击、双击、选择等一系列操作。图 2-70 所示为鼠标的外观。

图 2-70　鼠标的外观

2. 鼠标的基本参数

鼠标的基本性能参数包括以下 6 个方面。

- **鼠标大小**：根据鼠标长度来划分鼠标大小——大鼠标（≥ 120mm）、普通鼠标

（100~120mm）、小鼠标（≤ 100mm）。

● **适用类型**：针对不同类型的用户划分鼠标的适用类型，如经济实用、移动便携、商务舒适、游戏竞技和个性时尚等。

● **工作方式**：是指鼠标的工作原理，有光电、激光和蓝影3种，激光鼠标和蓝影鼠标从本质上说也属于光电鼠标。光电鼠标是通过红外线来检测鼠标的位移，将位移信号转换为电脉冲信号，再通过程序的处理和转换来控制屏幕上的光标箭头移动的鼠标；激光鼠标是使用激光作为定位的照明光源的鼠标，其定位更精确，但成本较高；蓝影鼠标是使用普通光电鼠标并配有蓝光二极管照到透明的滚轮上的鼠标，蓝影鼠标性能优于普通光电鼠标，但低于激光鼠标。

● **连接方式**：鼠标的连接方式主要有有线、无线和双模式（具有有线和无线两种使用模式）3种。其中，无线方式又分为蓝牙和多连（好几个具有多连接功能的同品牌产品通过一个接收器进行操作的能力）两种。图2-71所示为最常见的无线鼠标和无线信号接收器。

> **知识补充**
>
> **无线鼠标的动力来源**
>
> 　　通常是安装7号电池为无线鼠标提供动力，如图2-72所示。同样，无线键盘的动力来源也是7号电池。

图2-71　无线鼠标和无线信号接收器　　　　图2-72　无线鼠标安装电池

● **接口类型**：主要有PS/2、USB和USB+PS/2双接口3种。

● **按键数**：按键数是指鼠标按键的数量，现在的按键已经从两键、三键，发展到了四键甚至八键乃至更多键，一般来说，按键数越多，鼠标价格越高。

3. **鼠标的技术参数**

影响鼠标性能的技术参数包括最高分辨率、分辨率可调、微动开关的使用寿命和人体工学4个参数。

● **最高分辨率**：鼠标的分辨率越高，在一定距离内定位的定位点越多，能更精确地捕捉到用户的微小移动，有利于精准定位；另外，cpi（分辨率单位）越高，鼠标在移动相同物理距离的情况下，计算机中指针移动的逻辑距离越远。目前主流光电鼠标的分辨率都在2 000cpi以上，最高可达16 000cpi。

● **分辨率可调**：分辨率可调是指可以选择挡位来切换鼠标的灵敏度，也就是鼠标指针的移动速度，现在市面上鼠标的分辨率可调最大可以到8挡。

● **微动开关的使用寿命（按键使用寿命）**：微动开关的作用是将用户按键的操作传输

到计算机中，优质鼠标要求每个微动开关的正常寿命都不低于10万次的单击且手感适中，不能太软或太硬。劣质鼠标按键不灵敏，会给操作带来诸多不便。

● **人体工学:** 人体工学是指使用工具的使用方式尽量适合人体的自然形态，在工作时，身体和精神不需要任何的主动适应，从而减少因适应使用工具造成的疲劳感。鼠标的人体工学设计主要是造型设计，分为对称设计、右手设计和左手设计3种类型。

4. 选购鼠标的注意事项

在选购鼠标时，首先可以从选择适合自己手感的鼠标入手，然后考虑鼠标的功能、性能指标和品牌等方面。

● **手感:** 鼠标的外形决定了其手感，用户在购买时应亲自试用再做选择。手感的标准包括鼠标表面的舒适度、按键的位置分布以及按键与滚轮的弹性、灵敏度和力度等。对于采用人体工学设计的鼠标，还需要测试鼠标的外形是否利于把握。

● **功能:** 市面上许多鼠标提供了比一般鼠标更多的按键，帮助用户在手不离开鼠标的情况下，处理更多的事情。一般的计算机用户选择普通的鼠标即可；有特殊需求的用户，如游戏玩家，则可以选择按键较多的多功能鼠标。

● **主流品牌:** 现在市面上主流的鼠标品牌有双飞燕、雷柏、海盗船、血手幽灵、达尔优、富勒、新贵、雷蛇、罗技、樱桃、狼蛛、明基、微软和华硕等。

（二）认识和选购键盘

键盘是计算机的另一输入设备，键盘主要用于输入文本和编辑程序，此外，通过快捷组合键还能加快计算机的操作，下面学习键盘的相关知识。

扫一扫

高清大图

1. 键盘的外观

虽然现在键盘的很多操作都可由鼠标或手写板等设备完成，但在文字输入方面的方便快捷性决定了键盘仍然占有重要位置并能够满足人们的使用需求。键盘的外观如图2-73所示。

图 2-73　键盘的外观

2. 键盘的性能参数

键盘的基本性能参数包括以下4个方面。

● **产品定位:** 根据功能、技术类型和用户需求的不同，将键盘划分为机械、游戏、超薄、平板、多功能、经济实用和数字等类型。

● **连接方式:** 现在键盘的连接方式主要有有线和无线两种。其中，无线又可分为红外、蓝牙、无线电等。

● **接口类型:** 主要有 PS/2、USB 和 USB+PS/2 双接口 3 种，其连接方式都是有线。

● **按键数:** 按键数是指键盘中按键的数量，标准键盘为104键，现在市场上还有87键、

107 键和 108 键等类型。

3. 键盘的技术参数

键盘的主要技术参数包括以下 5 个方面。

- **防水功能**：水一旦进入键盘内部，就会造成键盘损坏，具有防水功能的键盘，其使用寿命比不防水的键盘更长。图 2-74 所示为防水键盘。
- **人体工学**：人体工学键盘的外观与传统键盘大相径庭，运用了流线设计，不仅美观，而且实用性强。图 2-75 所示为人体工学键盘。

图 2-74 防水键盘   图 2-75 人体工学键盘

- **按键寿命**：按键寿命是指键盘中的按键可以敲击的次数，普通键盘的按键寿命都在 1 000 万次以上。按键的力度大，频率快，会使按键寿命降低。
- **按键行程**：按键行程是指按下一个键到恢复正常状态的时间。如果敲击键盘时感到按键上下起伏比较明显，就说明它的按键行程较长。按键行程的长短关系到键盘的使用手感，按键行程较长的键盘会让人感到弹性十足，但比较费劲；按键行程适中的键盘，则让人感到柔软舒服；按键行程较短的键盘，长时间使用会让人感到疲惫。
- **按键技术**：按键技术是指键盘按键采用的工作方式，目前主要有机械轴、X 架构和火山口架构 3 种。机械轴是指键盘的每一颗按键都有一个单独的开关来控制闭合，这个开关就是"轴"，使用机械轴的键盘也被称为机械键盘，机械轴又包含黑轴、红轴、茶轴、青轴、白轴、凯华轴和 Razer 轴 7 种类型。X 架构又叫剪刀脚架构，它使用平行四连杆机构代替开关，在很大程度上保证了键盘敲击力道的一致性，使作用力平均分布在键帽的各个部分，敲击力道小而均衡，噪声小，手感好，价格稍高。火山口架构主要由卡位来完成开关的功能，2 个卡位的键盘相对便宜，且设计简单，但容易造成掉键和卡键问题；4 个卡位的键盘比 2 个卡位的有着更好的稳定性，不容易出现掉键问题，但成本略高。

4. 选购键盘的注意事项

因每个人的手形、手掌大小均不同，因此在选购键盘时，不仅需要考虑功能、外观和做工等多方面的因素，在实际购买时，还应试用产品，从而找到适合自己的产品。

- **功能和外观**：虽然键盘上按键的布局基本相同，但各个厂家在设计产品时，一般还会添加一些额外的功能，如多媒体播放按钮和音量调节键等。在外观设计上，优质的键盘布局合理、美观，并会引入人体工学设计，提升产品使用的舒适度。
- **做工**：优质的键盘面板颜色清爽、字迹显眼，键盘背面有产品信息和合格标签；用手敲击各按键时，弹性适中，回键速度快且无阻碍，声音低，键位晃动幅度小；抚摸键盘表面会有类似于磨砂玻璃的质感，且表面和边缘平整，无毛刺。

● **主流品牌**：现在市面上主流的键盘品牌有双飞燕、雷柏、海盗船、血手幽灵、达尔优、雷蛇、罗技、樱桃、狼蛛、明基、微软、联想和苹果等。

任务十　认识和选购外部设备

通常所说的计算机外部设备是指对计算机的正常工作起到辅助作用的硬件设备，如打印机、扫描仪等。计算机即使不连接或不安装这些设备，也能正常运行。

一、任务目标

本任务将了解和认识计算机的常用外部设备，包括音箱、耳机、移动存储设备、多功能一体机和摄像头。通过本任务的学习，读者可以全面了解这些外部设备，并学会如何选购。

二、相关知识

下面介绍选购这些外部设备的相关知识。

（一）认识和选购音箱

音箱其实就是将音频信号进行还原并输出的工具，其工作原理是声卡将输出的声音信号传送到音箱中，通过音箱还原成人耳能听见的声波。

1. 音箱的外观

普通的计算机音箱由功放和两个卫星音箱组成。图 2-76 所示为普通音箱的外观。

图 2-76　音箱的外观

● **功放**：功效就是功率放大器，其功能是将低电压的音频信号经过放大后推动音箱喇叭工作。由于计算机音箱的特殊性，所以通常也将各种接口和按钮集成在功放上。

● **卫星音箱**：功能是将电信号通过机械运动转化成声能，通常至少有两个卫星音箱，分别输出左右声道的信号。

2. 性能指标

音箱的性能指标包括以下 8 项。

● **声道系统**：音箱所支持的声道数是衡量音箱性能的重要指标之一，从单声道到最新的环绕立体声，这一参数与声卡的基本一致。

● **有源无源**：有源音箱又称为"主动式音箱"，通常是指带有功率放大器的音箱。无源音箱又称为"被动式音箱"，是指内部不带功放电路的普通音箱。有源音箱带有功率放大器，其音质通常比同价位的无源音箱好。

● **控制方式**：控制方式是指音箱的控制和调节方法，它关系到用户界面的舒适度。主要有 3 种类型，第一种是最常见的，分为旋钮式和按键式，也是造价最低的；第二种是信号线控制设备，就是将音量控制和开关放在音箱信号输入线上，成本不会增加很多，但操控很方便；第三种也是最优秀的控制方式，就是使用一个专用的数字控制电路来控制音箱的工作，并使用一个外置的独立线控或遥控器来控制。

● **频响范围**：这是考察音箱性能优劣的一个重要指标，它与音箱的性能和价位有直接的关系，其频率响应的分贝值越小，说明音箱的频响曲线越平坦、失真越小、性能越高。从理论上讲，20～20 000Hz 的频率响应就足够了。

● **扬声器材质**：低档塑料音箱因其箱体单薄、无法克服谐振，无音质可言（也有部分设计好的塑料音箱要远远好于劣质的木制音箱）；木制音箱降低了箱体谐振造成的音染，音质普遍好于塑料音箱。

● **扬声器尺寸**：扬声器尺寸越大越好，大口径的低音扬声器能在低频部分有更好的表现。普通多媒体音箱低音扬声器的尺寸多为 3～5 英寸。

● **信噪比**：信噪比是指音箱回放的正常声音信号与无信号时噪声信号（功率）的比值，用 dB 表示。信噪比数值越高，噪声越小。

● **阻抗**：它是指扬声器输入信号的电压与电流的比值。高于 16Ω 的是高阻抗，低于 8Ω 的是低阻抗，音箱的标准阻抗是 8Ω，建议不要购买低阻抗的音箱。

3. 选购注意事项

选购音箱除了考虑各项性能参数外，还需要注意以下 4 个方面。

● **重量**：音箱首先得看它的重量，质量好的音箱产品比较重，这说明它的板材、扬声器都是好材料。

● **功放**：功放也是音箱比较重要的组件，但要注意的是，有的厂家会在功放机中加铅块，使它的重量增加，这可以从外壳的空隙中看到。

● **防磁**：音箱是否防磁也很重要，尤其是卫星音箱必须防磁，否则会导致显示器有花屏的现象。

● **品牌**：主流的音箱品牌有惠威、漫步者、飞利浦、麦博、DOSS、奋达、JBL、金河田、BOSE、索尼、慧海、三诺、联想、华为、哈曼卡顿、山水、B&O 和 Beats 等。

（二）认识和选购耳机

音箱和耳机都是计算机的音频输出设备，但两者的声音分享性不同，音箱可以多人共享，耳机最多两个人分享。耳机的优点是可以在不影响旁人的情况下，独自聆听声音，还可隔开周围环境的声响，对在录音室、DJ、旅途、运动等噪吵环境下听音的人很有帮助。

1. 性能指标

耳机的性能指标包括以下 4 项。

● **频响范围**：频响范围是指耳机发出声音的频率范围，与音箱的频响范围一样，通常看两端的数值，就可大约猜测到这款耳机在哪个频段音质较好。

● **阻抗**：耳机的阻抗是交流阻抗，阻抗越小，耳机越容易出声，越容易驱动。和音箱不同，民用耳机和专业耳机的阻抗一般都在 100Ω 以下，有些专业耳机阻抗在 200Ω 以上。

● **灵敏度**：灵敏度是指耳机的灵敏度级，单位是 dB/mW。灵敏度高意味着达到一定的声压级所需功率小，现在动圈式耳机的灵敏度一般都在 90dB/mW 以上，如果用户是为随身听选耳机，则灵敏度最好在 100dB/mW 左右或更高。

● **信噪比**：和音箱一样，信噪比数值越高，耳机中的噪声越小。

2. 选购注意事项

选购耳机除了考虑各项性能参数外，还需要注意以下两个方面。

● **注意佩戴的舒适程度**：舒适度影响用户的实际体验，即使音色再怎么好，如果现场试听几分钟，发现衬垫不透气，换了耳塞，尺寸又不符合耳道，就说明这款耳机不适合自己，需要更换。

● **品牌**：主流的耳机品牌有硕美科、魔磁、漫步者、1MORE、飞利浦、森海塞尔、拜亚、铁三角、索尼、AKG、Beats、苹果、小米、创新、捷波朗、魅族、雷柏、JBL、华为、BOSE、松下、雷蛇、罗技、JVC、先锋和得胜等。

（三）认识和选购移动存储设备

通常所说的移动存储设备是指 U 盘和移动硬盘，但随着固态硬盘技术的发展，其也具备了移动存储设备的特点和功能。

1. U 盘

U 盘的全称是 USB 闪存盘，它是一种使用 USB 接口的、无需物理驱动器的微型高容量移动存储设备，通过 USB 接口与计算机连接，实现即插即用，它具有以下性能指标。

● **接口类型**：U 盘的接口类型主要包括 USB 2.0/3.0/3.1、Type-C 和 Lightning 等。

● **小巧便携**：U 盘体积很小，仅大拇指般大小，重量极轻，一般在 15g 左右，特别适合随身携带，可以把它挂在胸前、吊在钥匙串上，甚至放进钱包里。

● **存储容量大**：一般的 U 盘容量有 4GB、8GB、16GB、32GB 和 64GB，除此之外还有 128GB、256GB、512GB、1TB 等。

● **防震**：U 盘无任何机械式装置，抗震性能极强。

● **其他**：U 盘还具有防潮防磁、耐高低温等特性，安全可靠性较好。

● **品牌**：主流的品牌有闪迪、PNY、威刚、台电、爱国者、金士顿、联想和朗科等。

2. 移动硬盘

移动硬盘是以硬盘为存储介质，与计算机之间交换大容量数据，强调便携性的存储产品，移动硬盘的主要性能参数和普通硬盘相差不大，只是在移动便携性上更胜一筹。

● **容量大**：市场上的移动硬盘能提供最高达 12TB 的容量。其容量通常有 500GB 及以下、1TB、2TB、3TB、4TB 和 5TB 及以上等，其中 TB 级容量已经成为市场主流。

● **体积小**：移动硬盘的尺寸分为 1.8 英寸（约 5cm）（超便携）、2.5 英寸（约 6cm）（便携式）和 3.5 英寸（约 9cm，即桌面式）3 种。

● **接口丰富**：现在市面上的移动硬盘分为无线和有线两种，有线的移动硬盘采用 USB 2.0/3.0、eSATA 和 Thunderbolt 雷电接口。

● **良好的可靠性**：移动硬盘多采用硅氧盘片，这是一种比铝、磁更为坚固耐用的盘片材质，并且具有更大的存储量和更好的可靠性，提高了数据的完整性。

● **品牌**：主流的品牌有希捷、西部数据、东芝、朗科、爱国者和纽曼等。

（四）认识和选购多功能一体机

在现代人的生活、工作以及学习中，对于打印、复印、扫描和传真的使用需求较多，但单独购买 4 种设备需要花费大量金钱，于是集成多种功能的一体机产生了。通常具有以上功能中的两种的硬件设备

高清大图

就可称为多功能一体机。

1. 多功能一体机的类型

打印是多功能一体机的基础功能，因为复印功能和接收传真功能的实现都需要打印功能的支持，所以，多功能一体机通常按照打印方式划分为喷墨、墨仓式、激光和页宽4种。

● **喷墨**：喷墨多功能一体机（见图2-77）通过喷墨头喷出的墨水实现数据打印，其墨水滴的密度完全达到了铅字质量。使用的耗材是墨盒，墨盒内装有不同颜色的墨水。其主要优点是体积小、操作简单方便、打印噪声低，使用专用纸张时，能打印出效果和照片相媲美的图片等。

● **墨仓式**：墨仓式多功能一体机（见图2-78）是指支持超大容量墨仓，可实现单套耗材超高打印量和超低打印成本的多功能一体机。与喷墨打印最大的不同在于，墨仓式支持大容量墨盒（也叫外墨盒或墨水仓，该墨盒是原厂生产装配的连续供墨系统），用户可享受包括打印头在内的原厂整机保修服务，彻底解决了多功能一体机打印成本居高不下的问题。

图2-77　喷墨多功能一体机

图2-78　墨仓式多功能一体机

● **激光**：激光多功能一体机（见图2-79）利用激光束进行打印活动，其原理是一个半导体滚筒在感光后刷上墨粉再在纸上滚一遍，最后用高温定型将文本或图形印在纸张上，使用的耗材是硒鼓和墨粉。激光多功能一体机分为黑白激光多功能一体机和彩色激光多功能一体机两种类型，其中，黑白激光多功能一体机只能打印黑白文本和图像；彩色激光多功能一体机可以打印黑白和彩色的图像和文本。黑白激光多功能一体机具有高效、实用、经济等诸多优点；而彩色激光多功能一体机虽然耗材的使用成本较高，但工作效率高、输出效果也更好。

● **页宽**：页宽多功能一体机（见图2-80）是指具备页宽打印技术的一体机。页宽打印技术是集喷墨和激光技术的优势为一体的全新一代技术。页宽打印使列印面更宽阔，节省了墨头来回打印的时间，配合高速传输的纸张，具有比激光打印产品更高的输出速度，理论上能降低单位时间内的打印成本，有成为主流一体机类型的趋势。

图2-79　激光多功能一体机

图2-80　页宽多功能一体机

2. 基础性能指标

多功能一体机的基础性能指标包括以下 4 种。

- **产品定位**：主要有多功能商用一体机和多功能家用一体机两种。
- **涵盖功能**：目前市面上主要有两种多功能一体机，一种涵盖打印、扫描和复印功能；另一种涵盖打印、复印、扫描和传真功能。
- **最大处理幅面**：幅面是指纸张的大小，目前主要有 A4 和 A3 两种。对于个人家庭用户或规模较小的办公用户，使用 A4 幅面的多功能一体机绰绰有余；对于使用频繁或需要处理大幅面的办公用户或单位用户，可以考虑选择使用 A3 幅面甚至幅面更大的多功能一体机。
- **耗材类型**：目前市面上主要有 4 种，第一种是鼓粉分离，硒鼓和墨粉盒是分开的，当墨粉用完而硒鼓有剩余时，只需更换墨粉盒就行，节省费用；第二种是鼓粉一体，硒鼓和墨粉盒为一体设计，优点是更换方便，但墨粉用完硒鼓有剩余时，需整套更换；第三种是分体式墨盒，是将喷头和墨盒设计分开的产品，不允许用户随意添加墨水，因此重复利用率不太高，但价格较为便宜；第四种是一体式墨盒，将喷头集成在墨盒上，长期保障输出质量较高，但价格也高。

3. 打印功能指标

打印功能指标是指多功能一体机进行信息打印时的性能指标。

- **打印速度**：打印速度表示打印机每分钟可输出多少页面，通常用 ppm 和 ipm 这两个单位来衡量。这个指标数值越大越好，越大表示打印机的工作效率越高。打印速度又可具体分为黑白打印速度和彩色打印速度两种类型，通常彩色打印速度要慢一些。
- **打印分辨率**：打印分辨率是判断打印输出效果好坏的一个直接依据，也是衡量打印输出质量的重要参考标准。通常分辨率越高的打印设备，打印效果越好。
- **预热时间**：预热时间是指打印机从接通电源到加热至正常运行温度消耗的时间。通常个人型激光打印机或者普通办公型激光打印机的预热时间都在 30s 左右。
- **打印负荷**：打印负荷是指打印工作量，这一指标决定了打印机的可靠性。这个指标通常以月为衡量单位，打印负荷多的打印机比打印负荷少的可靠性要高许多。

4. 复印功能指标

体现多功能一体机复印功能性能的指标主要有以下 4 项。

- **复印分辨率**：复印分辨率是指每英寸复印对象由多少个点组成，其直接关系到复印输出文字和图像的质量。
- **连续复印**：连续复印是指在不对同一复印原稿进行多次设置的情况下，多功能一体机可以一次连续完成的复印的最大数量。连续复印的标识方法为 "1-X 张"，"X"代表该一体机连续复印的最大能力，连续复印的张数与产品的档次有直接的关系。
- **复印速度**：复印速度是指多功能一体机在复印时，每分钟能够复印的张数，单位是张 / 分。多功能一体机的复印速度通常和打印速度一样，一般不超过打印速度。
- **缩放范围**：缩放范围是指多功能一体机能够对复印原稿进行放大和缩小的比例范围，使用百分比表示。市场上主流的多功能一体机的常见缩放范围有 25％ ~200％ 、50％ ~200％ 、25％ ~400％ 和 50％ ~400％等。

5. 扫描功能指标

扫描功能指标是指多功能一体机进行信息扫描时的性能指标，主要包括以下项目。

- **扫描类型**：通常按扫描介质和用途的不同划分为平板式、书刊、胶片、馈纸式和 3D 等类型，多功能一体机主要以平板式为主。

- **扫描元件**：扫描元件的作用是将扫描的图像光学信号转变成电信号，再由模拟数字转换器（A/D）将这些电信号转变成计算机能识别的数字信号。目前多功能一体机采用的扫描元件有电荷耦合元件（Charge-coupled Device，CCD）和接触式图像传感器（Contact Image Sensor，CIS）两种，其生产成本相对较低，扫描速度相对较快，扫描效果能满足大部分工作的需要。

- **光学分辩率**：光学分辨率是指多功能一体机在实现扫描功能时，通过扫描元件将扫描对象每英寸表示成的点数，其单位为 dpi，dpi 数值越大，扫描的分辨率越高，扫描图像的品质越好。光学分辨率通常用垂直分辨率和水平分辨率相乘表示。例如，某款产品的光学分辨率标识为 600dpi×1 200dpi，表示可以将扫描对象每平方英寸的内容表示成水平方向 600 点，垂直方向 1 200 点，两者相乘共 720 000 点。

- **色彩深度和灰度值**：色彩深度是指多功能一体机所能辨析的色彩范围。较高的色彩深度位数可保证扫描保存的图像色彩与实物的真实色彩尽可能一致，且图像色彩更加丰富。灰度值则是进行灰度扫描时，对图像由纯黑到纯白整个色彩区域进行划分的级数，编辑图像时一般都使用 8bit，即 256 级，而主流扫描仪通常为 10bit，最高可达 12bit。

- **扫描兼容性**：扫描兼容性是指扫描产品共同遵循的规格，是应用程序与影像捕捉设备间的标准接口。目前的扫描类产品都要求能够支持 TWAIN（Technology Without An Interesting Name）的驱动程序，只有符合 TWAIN 要求的产品才能够在各种应用程序中正常使用。

6. 介质规格

多功能一体机的主要介质是纸，因此，纸的各种规格就成为了一体机的性能指标。

- **介质类型**：介质类型就是多功能一体机支持的纸的类型，包括普通纸、薄纸、再生纸、厚纸、标签纸和信封等。

- **介质尺寸**：介质尺寸是指多功能一体机最大能够处理的纸张的大小，一般多用纸张的规格来标识，如 A3、A4 等。

- **介质重量**：介质重量是指纸的重量，通常以每平方米的克重为单位（g/m^2）。

- **供纸盒容量**：纸盒是指多功能一体机上用来装打印纸的部件，能够存放纸张，并在多功能一体机工作时，自动进纸打印。进纸盒容量是指进纸盒能够装的纸张数量，该指标是一体机纸张处理能力的评价标准之一，还可间接衡量一体机自动化程度的高低。

- **输出容量**：输出容量是指多功能一体机输出的纸张数量，不同类型纸张的输出容量也不同。

7. 选购注意事项

选购多功能一体机时，理性选购是最重要的技巧，同时应该注意以下事项。

- **明确使用目的**：在购买之前，用户要首先明确购买多功能一体机的目的，也就是明确需要多功能一体机具备哪些功能。例如，很多家庭用户需要打印照片，就需要在彩色打印方面比较出色的产品，而办公商用的多功能一体机，除了注重文本打印能力外，还需要具备文件复印和收发传真的能力。

- **综合考虑性能**：每一款多功能一体机都有其定位，某些文本打印能力更佳，某些则偏重于复印文件。在购买时，需综合考虑使用要求再选择。

- **售后服务**：售后服务是用户挑选多功能一体机时必须关注的内容之一。一般而言，多功能一体机销售商会承诺一年的免费维修服务，但多功能一体机体积较大，因此最好要求生产厂商在全国范围内提供免费上门维修服务，若厂商没有办法或者无力提供上门服务，维修将会很麻烦。
- **主流品牌**：主流的多功能一体机品牌有惠普、佳能、兄弟、爱普生、三星、富士施乐、理光、联想、奔图、京瓷、利盟、方正和新都等。

（五）认识和选购摄像头

由于网络的普及，对视频交流的要求很高，所以摄像头在计算机配件中越来越重要。下面介绍认识和选购摄像头的相关知识。

1. 认识摄像头

摄像头作为一种视频输入设备，广泛运用于视频会议、远程医疗、实时监控等方面。普通用户也可以通过摄像头在网络上进行有影像和声音的交谈和沟通。摄像头在计算机的相关应用中，九成以上的用途是进行视频聊天、环境（家庭、学校和办公室）监控、幼儿和老人看护。

2. 选购注意事项

选购摄像头时，重要的是参考其各种性能指标。

- **感光元件**：分为 CCD 和 CMOS 两种，CCD 成像水平和质量要高于 CMOS，但价格较高，常见的摄像头多用价格相对低廉的 CMOS 作为感光器。
- **像素**：像素是区分摄像头好坏的重要因素，市面主流摄像头产品多在 100 万像素左右，在大像素的支持下，摄像头工作时的分辨率可以达到 1 280px×720px。
- **镜头**：摄像头的镜头一般是由玻璃镜片或塑料镜片组成的，玻璃镜片比塑料镜片成本高，但在透光性以及成像质量上都有较大优势。
- **最大帧数**：帧数就是在 1s 时间里传输图片的张数，通常用 fps（Frames Per Second）表示，值越大，显示的动作越流畅。主流摄像头的最大帧数为 30fps。
- **对焦方式**：主要有固定、手动和自动 3 种。其中，手动对焦通常需要用户手动选择摄像头的对焦距离。而自动对焦则是由摄像头对拍摄物体进行检测，确定物体的位置并驱动镜头的镜片进行对焦。
- **视场**：视场代表摄像头能够观察到的最大范围，通常以角度表示，视场越大，观测范围越大。
- **其他参数**：由于摄像头的用处非常广泛，所以一些实用的功能也可以作为选购时的参考因素，如夜视功能、遥控功能、快拍功能和防盗功能等。
- **主流品牌**：主流的摄像头品牌有罗技、蓝色妖姬、微软、中兴、双飞燕、谷客、奥速、联想、奥尼、炫光、Wulian、极速和天敏等。

实训一　设计计算机组装方案

【实训要求】

根据本项目所学的知识，按照 Intel 和 AMD 两个不同品牌，分别设计一套目前主流的家庭和学生的装机方案，要求能够完成普通家庭的上网和娱乐要求，并能满足学生的各种主流软件和游戏的需求。

【实训思路】

完成本实训需要先选择各种硬件，列出方案表格，然后评价配置的优缺点。

1. AMD方案

该方案采用 AMD CPU 的配置，特点是主板、CPU 和显卡的配置较好，支持各种主流游戏开全特效，性价比较高，也可以完成普通办公的各种应用，具体配置如表 2-2 所示。

- **配置优势**：3700X+X570+RTX 2060 SUPER 的配置足够流畅运行大型网络游戏的中高特效，支持其他单机游戏特效全开。
- **配置劣势**：固态硬盘存储空间太小，电源功率也比较大，这个配置 800W 以内就能完美支持，另外，可以考虑更换搭建双通道内存来提升计算机性能，盒装散热器工作量太大，可以考虑更换水冷。

表 2-2 主流 AMD 装机方案详细配置表

硬件	品牌型号
CPU	AMD Ryzen 73700X
散热器	盒装自带
主板	微星 MPG X570 GAMING PLUS
内存	金士顿 HyperX Predator 16GB DDR 43200
硬盘	西部数据 Blue SN550 NVME SSD（1TB）固态硬盘
显卡	铭瑄 GeForce RTX 2060 SUPER iCraft 8G
声卡	主板集成
鼠标键盘	罗技 G903+ 海盗船 K70 RGB MK.2
显示器	LG 34UC79G
机箱	积至启航者
电源	长城金牌巨龙 GW-EPS1000DA(90+)

2. Intel方案

该方案采用 Intel CPU 的配置，特点是性能卓越，性价比高，兼容性很好，而且有升级的可能性，可以完美运行市面上的所有游戏，家用和办公都很不错，具体配置如表 2-3 所示。

- **配置优势**：作为次旗舰的代表，9700K 提升了睿频，采用了八核心八线程设计，主频 3.6GHz，在游戏运行上能够发挥超强实力；RTX 2070 SUPER 性能稳定，超频无压力，几乎达到 1080Ti 水平，该方案的配置比较均衡，主机尤其适合游戏用户。
- **配置劣势**：散热是短板，CPU 和电源热量都较高，可以考虑更换水冷。

表 2-3 主流 Intel 装机方案详细配置表

硬件	品牌型号
CPU	Intel CORE i7 9700K

硬件	品牌型号
散热器	酷冷至尊海魔 120
主板	华擎 Z390 Pro4
内存	海盗船复仇者 RGB PRO 16GB DDR4 3000
硬盘	ntel 545S（256GB）固态硬盘 + 希捷 BarraCuda 2TB 7200 转 256MB 机械硬盘
显卡	七彩虹 iGame GeForce RTX 2070 SUPER Ultra OC
声卡	主板集成
鼠标键盘	Razer Basilisk 巴塞利斯蛇终极版 + 海盗船 K70 RGB MK.2
显示器	飞利浦 345B1CR
机箱	鑫谷图灵 1 号
电源	先马金牌 750W

实训二　网上模拟装配计算机

【实训要求】

根据实训一中拟定的装机配置方案，模拟选购一台计算机，需要通过 ZOL 模拟攒机频道模拟在线装机中心选择相应的硬件；在装机前，可以参考实训一中各种硬件的资料对比；然后在 ZOL 模拟攒机频道中参考各种模拟装机方案，自己配置一台计算机。

微课视频

网上模拟装配计算机

【实训思路】

本实训的操作思路如图 2-81 所示。需要注意的是，由于不同装机方案针对的用户群不同，因此在选购硬件时，一定要有针对性，如游戏娱乐的重点硬件是显卡、显示器、CPU，另外音箱、声卡、键鼠也需要注意。

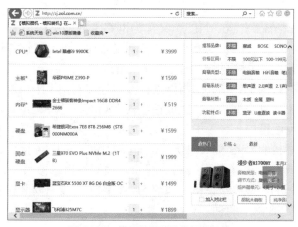

图 2-81　模拟选购硬件的操作思路

课后练习

（1）根据本项目所学的知识，到电脑城选购一套计算机组装需要的硬件产品。

（2）上网登录中关村在线的模拟攒机频道，查看最新的硬件信息，并根据网上最新的装机方案，为学校机房设计装机方案。

（3）在计算机机箱中拆卸显卡，查看其主要结构，并检查有几种显示接口。

（4）假设需要配置一台普通家用计算机，为其选购适用的外部设备，包括打印机、扫描仪、摄像头。

（5）拆卸一台计算机，根据主要硬件的相关信息，查看这些产品的真伪，并检查这些产品的售后服务日期。

技能提升

1. 认识声卡

声卡是计算机中用于处理音频信号的设备，其工作原理是声卡接收到音频信号并进行处理后，再通过连接到声卡的音箱，将声音以人耳能听到的频率表现出来。在家用计算机和用于娱乐的计算机系统中，声卡起着相当重要的作用。声卡自身并不能发声，因此必须与音箱配合。声卡的分类比较简单，根据安装方式分为内置和外置两种，内置声卡又分为集成声卡和 PCI 声卡两种。

- **集成声卡**：集成声卡是一种集成在主板上的音频芯片。在处理音频信号时，不用依赖 CPU 就可进行一切音频信号的转换，既可保证声音播放的质量，又节约了成本，这也是主流的声卡类型。

- **PCI 声卡**：这种内置声卡通过 PCI 总线连接计算机，有独立的音频处理芯片，负责所有音频信号的转换工作，减少了对 CPU 资源的占有率，若结合功能强大的音频处理软件，则可对几乎所有音频信息进行处理，适合对声音品质要求较高的用户使用。PCI 声卡根据总线类型的不同，分为 PCI 和 PCI-E 两种类型。

- **外置声卡**：通过 USB 接口与计算机连接，具有使用方便、便于移动等优点。这类声卡通常集成了解码器和耳机放大器，音质比内置声卡更好，价格也比内置声卡高。

2. 认识网卡

网卡（Network Interface Card，NIC）又称为网络卡或网络接口卡，网卡的主要功能是帮助计算机连接网络。现在的很多主板都自带了网络芯片，可通过该芯片控制的接口连接到网络，但其他的各种有线和无线网卡的使用仍非常普遍。

- **有线网卡**：有线网卡是指必须将网络连接线连接到网卡中，才能访问网络的网卡，主要包括以下 3 种类型：一是集成在主板上的网络芯片，也就是集成网卡；二是由网络芯片、网线接口、金手指等部分组成的 PCI 网卡；三是体积小巧，携带方便，可以插在计算机的 USB 接口中使用，即插即用的 USB 网卡。

- **无线网卡**：无线网卡是在无线局域网的无线网络信号覆盖下，通过无线连接网络进行上网使用的无线终端设备。目前的无线网卡主要有安装在主板 PCI 插槽的 PCI 网卡和无线 USB 网卡两种。

3. 认识投影机

投影机是一种可以将图像或视频投射到幕布上的设备，可以通过不同的接口与计算机和摄像机等相连接并播放相应的视频信号。投影机广泛应用于家庭、办公室、学校和娱乐场所。投影机是根据使用环境和市场定位进行划分的，包括家用投影机、商务便携型投影机、微型投影机、工程投影机、教育投影机和影院投影机（电影院数字放映仪）6 种类型。

- **家用投影机**：主要针对视频方面进行优化处理，其特点是亮度都在 1 000lm 左右，对比度较高，投影的画面宽高比多为 16：9，各种视频端口齐全，适合播放电影和高清电视，适于家庭用户使用。
- **商务便携型投影机**：一般把质量低于 2kg 的投影机定义为商务便携型投影机，这个质量与轻薄型笔记本电脑不相上下。商务便携型投影机的优点是体积小、质量轻、移动性强，是传统的幻灯机和大中型投影机的替代品。轻薄型笔记本电脑与商务便携型投影机搭配，是移动商务用户进行移动商业演示时的首选搭配。
- **微型投影机**：微型投影机又称便携式投影机，它的外观比商务便携型投影机更小巧，它把传统庞大的投影机精巧化、便携化、微小化、娱乐化、实用化，使投影技术更加贴近生活和娱乐，具有商务办公、教学、代替电视等功能。
- **工程投影机**：相比主流的普通投影机，工程投影机的投影面积更大、距离更远、光亮度更高，而且一般支持多灯泡模式，能更好地应对大型多变的安装环境，在教育、媒体和政府等领域都很适用。
- **教育投影机**：一般定位于学校和企业应用，采用主流的分辨率，亮度在 2 000~3 000lm，重量适中，散热和防尘较好，适合安装和短距离移动，功能接口比较丰富，容易维护，性价比也相对较高，适合大批量采购普及使用。
- **影院投影机**：这类投影机更注重稳定性，强调低故障率，其散热性能、网络功能、使用的便捷性等方面做得很好。为了适应各种专业应用场合，其亮度一般可达5 000lm 以上，高者可超过 10 000lm。由于体积庞大，质量重，通常用在特殊场所，如剧院、博物馆、大会堂、公共区域，还可应用于交通监控、公安指挥中心、消防和航空交通控制中心等环境。

4. 认识路由器

路由器的主要工作就是为经过路由器的每个数据帧寻找一条最佳传输路径，并将该数据有效地传送到目的站点，通俗地说，就是通过路由器将连接到其中的 ADSL 和计算机连接起来，实现计算机联网的目的。路由器的网络接口主要有以下两种。

- **WAN 口**：广域网、（Wide Area Network，WAN）主要用于连接外部网络，如 ADSL、DDN、以太网等各种接入线路。
- **LAN 口**：本地网（或局域网）（Local Area Network，LAN）用来连接内部网络，主要与局域网络中的交换机、集线器或计算机相连。

现在使用较多的是宽带路由器，它伴随着宽带的普及应运而生。宽带路由器在一个紧凑的箱子中集成了路由器、防火墙、带宽控制和管理等功能，集成 10/100Mbit/s 宽带的以太网 WAN 接口，并内置多口 10/100Mbit/s 自适应交换机，方便多台机器连接内部网络与 Internet，可广泛应用于家庭、学校、办公室、网吧、小区、政府和企业等场所。现在多数路由器都具备有线接口和无线天线，可以通过路由器建立无线网络连接到 Internet。

项目三
组装计算机

情景导入

老洪：米拉，需要的计算机硬件都买回来了吧？

米拉：都买了，昨天已经全部送到了。

老洪：那好，我们今天的任务就是学习组装计算机。

米拉：太好了，终于要实际操作了。

老洪：对了，米拉，你对组装计算机的流程熟悉吗？

米拉：组装计算机还有什么流程吗？不是把所有的硬件安装在一起就行了吗？

老洪：不按照流程进行，可能会出现问题。我先给你讲解安装的流程和使用相关工具的注意事项吧。

米拉：好吧，看来今天有得忙了。

学习目标

- 认识组装计算机的工具，了解组装计算机的注意事项
- 熟练掌握组装计算机的流程
- 熟练掌握组装计算机的各项操作

技能目标

- 能够熟练组装各种类型的台式机
- 能够熟练安装和拆卸各种类型的计算机

素质目标

- 培养工匠精神，树立团结协作、合作共赢的团队合作意识

任务一 装机准备

在组装计算机之前，进行适当的准备是十分必要的，充分的准备工作可以确保组装过程顺利完成，并在一定程度上提高组装的效率与质量。

一、任务目标

本任务将为组装计算机做好各项准备工作，首先认识组装计算机的各种工具，然后了解组装计算机的流程。通过本任务的学习，可以掌握组装计算机的准备操作。

二、相关知识

下面就来认识组装工具，并了解组装流程。

（一）认识组装工具

组装计算机时，需要用到一些工具来完成硬件的安装和检测，如螺丝刀、尖嘴钳和镊子。对于初学者来说，有些工具在组装过程中可能不会涉及，但在维护计算机的过程中可能会用到，如万用表、清洁剂、吹气球和小毛刷等。

- **螺丝刀**：螺丝刀是计算机组装与维护过程中使用最频繁的工具，其主要用来安装和拆卸各计算机部件之间的固定螺钉，由于计算机中的固定螺钉都是十字接头的，因此常用的螺丝刀是十字螺丝刀，如图 3-1 所示。
- **尖嘴钳**：用来拆卸一些半固定的计算机部件，如机箱中的主板支撑架和挡板等，如图 3-2 所示。

图 3-1　十字螺丝刀　　　　　　　　　　　图 3-2　尖嘴钳

> **知识补充**
>
> **选用磁性螺丝刀**
>
> 由于机箱内空间狭小，因此应尽量选用带磁性的螺丝刀，这样可降低安装的难度。但螺丝刀上的磁性不宜过大，否则会对部分硬件造成损坏，磁性的强度以能吸住螺钉且不脱离为宜。

- **镊子**：计算机机箱内的空间较小，在安装完各种硬件后，一旦需要对其进行调整，或有东西掉入其中，就需要使用镊子进行操作，如图 3-3 所示。
- **万用表**：用于检查计算机部件的电压是否正常和数据线的通断等电器线路问题。现在比较常用的是数字式万用表，如图 3-4 所示。
- **清洁剂**：用于清洁一些重要硬件上的顽固污垢，如显示器屏幕和光驱光头等，如图 3-5 所示。
- **吹气球**：用于清洁机箱内部各硬件之间的较小空间中或各硬件上不易清除的灰尘，如图 3-6 所示。
- **小毛刷**：用于清洁硬件表面的灰尘，如图 3-7 所示。

图 3-3　镊子　　　　　　　　图 3-4　万用表　　图 3-5　清洁剂

● **干毛巾**：用于擦除计算机显示器和机箱表面的灰尘，如图 3-8 所示。

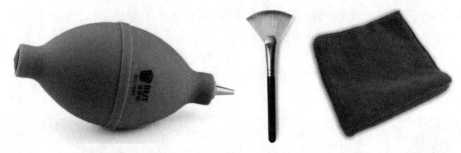

图 3-6　吹气球　　　　　　图 3-7　小毛刷　　　　图 3-8　干毛巾

（二）了解组装流程

组装之前还应该理清组装的流程，做到胸有成竹，一鼓作气将整个操作完成。虽然组装计算机的流程并不是固定的，但通常可以按照以下流程进行。

（1）安装机箱内部的各种硬件，包括以下 8 项。

● 安装电源。
● 安装 CPU 和散热风扇。
● 安装内存。
● 安装主板。
● 安装显卡。
● 安装其他硬件卡，如声卡、网卡。
● 安装硬盘（固态硬盘或机械硬盘）。
● 安装光驱（可以不安装）。

（2）连接机箱内的各种线缆，包括以下 4 项。

● 连接主板电源线。
● 连接硬盘数据线和电源线。
● 若有光驱，则连接光驱数据线和电源线。
● 连接内部控制线和信号线。

（3）连接主要的外部设备，包括以下 4 项。

● 连接显示器。
● 连接键盘和鼠标。
● 连接音箱。
● 连接主机电源。

任务二 组装一台计算机

在做好一切准备工作后，就可以开始组装计算机了。

一、任务目标

练习组装一台计算机，组装时，先安装计算机机箱中的各种硬件设备，然后连接各种线缆，最后连接外部设备。通过本任务的学习，可以掌握计算机的安装操作，并能熟练安装各种类型的计算机。

二、相关知识

在开始组装计算机前，需要对组装的相关注意事项有所了解，包括以下5点。

- 通过洗手或触摸接地金属物体的方式释放身上所带的静电，防止静电伤害硬件。在组装过程中，手和各部件不断摩擦，也会产生静电，因此建议多次释放。
- 在拧各种螺钉时，不能拧得太紧，拧紧后应往反方向拧半圈。
- 各种硬件要轻拿轻放，特别是硬盘。
- 插板卡时，一定要对准插槽均衡向下用力，并且要插紧；拔卡时不能左右晃动，要均衡用力地垂直拔出，更不能盲目用力，以免损坏板卡。
- 安装主板、显卡和声卡等部件时，应平稳安装，并将其固定牢靠，对于主板，应尽量安装绝缘垫片。

知识补充　　　　　　　　　　**注意装机环境**

组装计算机需要干净整洁的平台、良好的供电系统并远离电场和磁场，然后将各种硬件从包装盒中取出，放置在平台上，并将硬件中的各种螺钉、支架和连接线也放置在平台上。

三、任务实施

（一）打开机箱并安装电源

组装计算机并没有固定的步骤，通常由个人习惯和硬件类型决定，这里按照专业装机人员常用的装机步骤进行操作。首先打开机箱侧面板，然后将电源安装到机箱中，具体操作如下。

微课视频

打开机箱并安装电源

（1）将机箱平铺在工作台上，用手或十字螺丝刀拧下机箱后部的固定螺钉（通常是4颗，一侧两颗），如图3-9所示。

（2）在拧下机箱盖一侧的两颗螺钉后，按住该机箱侧面板向机箱后部滑动，拆卸掉侧面板；使用尖嘴钳取下机箱后部的显卡挡片，如图3-10所示。

操作提示　　　　　　　　　　**拆卸板卡挡片**

通常机箱后部的板卡条形挡片都是点焊在机箱上的（有些是通过螺钉固定），可以使用尖嘴钳直接将其拆下。

图 3-9　拧下螺钉　　　　　　　图 3-10　拆卸机箱侧面板并取下显卡挡片

（3）因为主板的外部接口不同，因此需要安装主板附带的挡板，这里将主板包装盒附带的主板专用挡板扣在该位置（当然，这一步也可以在安装主板时进行，通常由个人习惯决定），如图 3-11 所示。

（4）通常在安装硬盘或电源时，需要将其固定在机箱的支架上，且两侧都要使用螺钉固定，所以最好将机箱两侧的面板都拆卸掉。使用同样的方法拆卸机箱另外一个侧面板，如图 3-12 所示。

图 3-11　安装主板外部接口挡板　　　　　图 3-12　拆卸机箱另外一个侧面板

（5）放置电源，将电源有风扇的一面朝向机箱上的预留孔，然后将其放置在机箱的电源固定架上，如图 3-13 所示。

（6）固定电源，将其后的螺钉孔与机箱上的孔位对齐，使用机箱附带的粗牙螺钉将电源固定在电源固定架上，然后用手上下晃动电源观察其是否稳固，如图 3-14 所示。

图 3-13　放入电源

图 3-14　固定电源

电源的安装位置

　　以前的电源固定架通常在机箱的上部，现在有很多机箱将电源固定架设置在机箱底部，安装起来更加方便。

（二）安装 CPU 与散热风扇

微课视频

安装 CPU 与散热风扇

　　安装完电源后，通常先安装主板，再安装 CPU，但由于机箱内的空间比较小，所以对于初次组装计算机的用户来说，为了保证安装顺利进行，可以先将 CPU、散热风扇和内存安装到主板上，再将主板固定到机箱中。下面介绍安装 CPU 和散热风扇的方法，具体操作如下。

　　（1）将主板从包装盒中取出，放置在附带的防静电绝缘垫上，如图 3-15 所示。

　　（2）推开主板上的 CPU 插座拉杆，如图 3-16 所示。

　　（3）打开 CPU 插座上的 CPU 挡板，如图 3-17 所示。

　　（4）安装 CPU，使 CPU 两侧的缺口对准插座缺口，将其垂直放入 CPU 插座中，如图 3-18 所示。

图 3-15　放置主板

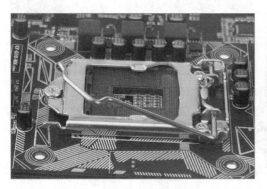

图 3-16　推开拉杆

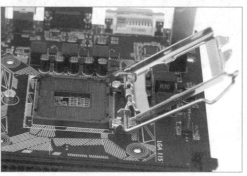

图 3-17　打开挡板

<table>
</table>

操作
提示

安装 CPU

没有绝缘垫可以使用主板包装盒中的矩形泡沫垫代替，将其放置在包装盒上就可以安装主板。另外，有些 CPU 的一角有个小三角形标记，将其对准主板 CPU 插座上的标记即可安装，如图 3-19 所示。

图 3-18　放入 CPU　　　　　　　　　　　图 3-19　CPU 插座挡板上的标记

（5）此时不可用力按压，应使 CPU 自由滑入插座内，然后盖好 CPU 挡板并压下拉杆，完成 CPU 的安装，如图 3-20 所示。

图 3-20　安装 CPU

（6）在 CPU 背面涂抹导热硅脂，方法是使用购买硅脂时赠送的注射针筒，将少许硅脂挤出到 CPU 中心，并涂抹均匀，如图 3-21 所示。

图 3-21　涂抹导热硅脂

操作
提示

涂抹导热硅脂

挤出硅脂后，可以给手指戴上胶套，将硅脂涂抹均匀。另外，盒装正品 CPU 自带散热风扇，其散热风扇与 CPU 接触面已经涂抹了导热硅脂，如图 3-22 所示，直接安装即可。

图 3-22　已经涂抹了硅脂的 CPU 风扇

（7）将 CPU 散热风扇的 4 个膨胀扣对准主板上的散热风扇孔位，然后向下用力使膨胀扣卡槽进入孔位中，如图 3-23 所示。

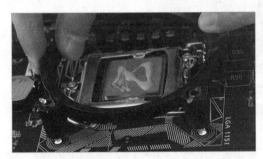 

图 3-23　安装散热风扇支架

（8）将散热风扇支架螺帽插入膨胀扣中，并固定散热风扇支架，如图 3-24 所示。

图 3-24　固定散热风扇支架

（9）将散热风扇一边的卡扣安装到支架一侧的扣具上，如图 3-25 所示。

（10）将散热风扇另一边的卡扣安装到支架另一侧的扣具上，固定好风扇；将散热风扇的电源插头插入主板的 CPU_FAN 插槽，如图 3-26 所示。

（三）安装内存

还有一个硬件也可以在将主板放入机箱前安装，那就是内存。内存的安装也比较简单，具体操作如下。

（1）将内存插槽上的固定卡座向外轻微用力扳开，打开内存插槽卡扣，如图 3-27 所示。

微课视频

安装内存

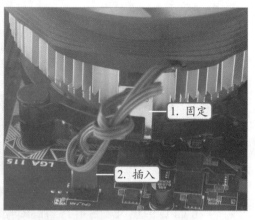

图 3-25 安装风扇卡扣　　　　　　　　图 3-26 固定风扇并插入插槽

图 3-27 打开内存插槽卡扣

（2）将内存上的缺口与插槽中的防插反凸起对齐，向下均匀用力将其水平插入插槽中，使金手指和插槽完全接触，将内存卡座扳回，使其卡入内存卡槽中，如图 3-28 所示。

图 3-28 安装并固定内存

操作
提示

内存插槽的颜色

　　内存插槽一般用两种颜色来表示不同的通道，如果需要安装两根内存条来组成双通道，则需要将两根内存条插入相同颜色的插槽中。如果是三通道，则需要将 3 根内存条插入相同颜色的插槽中，如图 3-29 所示。

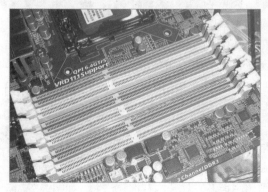

图 3-29 安装三通道内存

（四）安装主板

安装主板就是将安装了 CPU 和内存的主板固定到机箱的主板支架上，具体操作如下。

微课视频
安装主板

（1）现在的主板都采用框架式结构，可以通过不同的框架，进行线缆的走位和固定，方便安装硬件。这里需要将电源的各种插头进行走位，方便在安装主板后将插头插入对应的插槽，如图 3-30 所示。

操作提示　　　　　　　　**安装六角螺栓**

如果机箱内没有固定主板的螺栓，就需要观察主板螺钉孔的位置，然后根据该位置将六角螺栓安装在机箱内，如图 3-31 所示。

图 3-30　整理线缆

图 3-31　安装固定主板的六角螺栓

（2）将主板平稳地放入机箱内，使主板上的螺钉孔与机箱上的六角螺栓对齐，然后使主板的外部接口与机箱背面安装好的该主板专用挡板孔位对齐，如图 3-32 所示。

图 3-32　放入主板

（3）此时主板的螺钉孔与六角螺栓也相应对齐，然后用螺钉将主板固定在机箱的主板架上，如图 3-33 所示。

图 3-33　固定主板

（五）安装硬盘

微课视频

安装硬盘

硬盘的类型主要有固态硬盘和机械硬盘，在本次组装中，计算机的两种硬盘都需要安装，具体操作如下。

（1）将固态硬盘放置到机箱的 3.5 英寸的驱动器支架上，将固态硬盘的螺钉口与驱动器的螺钉口对齐，如图 3-34 所示。

图 3-34　放置固态硬盘

（2）用细牙螺钉将固态硬盘固定在驱动器支架上，如图 3-35 所示。

图 3-35　固定固态硬盘

（3）使用同样的方法将机械硬盘安装到机箱的另一个驱动器支架上，如图 3-36 所示。

对角固定硬盘

为了保证硬盘稳定，通常需要用 4 颗螺钉固定。有时为了方便拆卸，也可以使用 2 颗螺钉对角安装的方式固定。

图 3-36　安装机械硬盘

（六）安装显卡、声卡和网卡

　　其实很多主板都已集成了显示、音频和网络芯片，但有时也需要安装独立的显卡、声卡和网卡，其操作都基本类似。下面安装独立显卡，具体操作如下。

微课视频

安装显卡、声卡和网卡

　　（1）拆卸掉机箱后侧的板卡挡板（有些机箱不需要进行本步骤），如图 3-37 所示。

　　（2）通常主板的 PCI-Express 显卡插槽都设计有卡扣，首先向下按压卡扣将其打开，如图 3-38 所示。

图 3-37　拆卸板卡挡板

图 3-38　打开卡扣

　　（3）将显卡的金手指对准主板上的 PCI-Express 接口，然后轻轻按下显卡，如图 3-39 所示。

　　（4）衔接完全后，用螺钉将其固定在机箱上，完成显卡的安装，如图 3-40 所示。

图3-39 安装显卡

图3-40 固定显卡

操作
提示

安装显卡的注意事项

在听到"咔哒"一声后，即可检查显卡的金手指是否全部进入插槽，从而确定是否安装成功。另外，显卡的卡扣有几种类型，除了有向下按开的卡扣，还有向侧面拖动打开的卡扣。

（七）连接机箱中的各种内部线缆

安装机箱内部的硬件后，即可连接机箱内的各种线缆，主要包括各种电源线、控制线和信号线，具体操作步骤如下。

（1）用20针主板电源线对准主板上的电源插座插入，如图3-41所示。

（2）用4针的主板辅助电源线对准主板上的辅助电源插座插入，如图3-42所示。

微课视频

连接机箱中的各种
内部线缆

图3-41 连接主板电源线

图3-42 连接主板辅助电源线

（3）现在常用SATA接口的硬盘，其电源线的一端为L形，在主机电源的连线中找到该电源线插头，将其插入硬盘对应的接口中。这里先连接固态硬盘的电源线，再连接机械硬盘的电源线，如图3-43所示。

（4）SATA硬盘的数据线两端接口都为L形（该数据线属于硬盘的附件，在硬盘包装盒中），按正确的方向将一条数据线的插头插入固态硬盘的SATA接口中，再将另一条数据线的插头插入机械硬盘的SATA接口中，如图3-44所示。

（5）将对应固态硬盘的数据线的另一个插头插入主板的SATA插座中，再将机械硬盘的数据线的插头插入主板的SATA插座中，如图3-45所示。

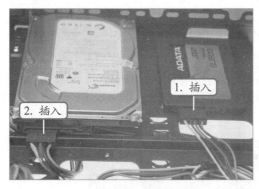

图 3-43　连接硬盘电源线

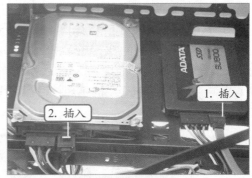

图 3-44　插入数据线插头

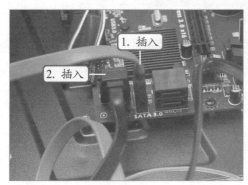

图 3-45　将硬盘数据线插头插入主板插座

> **知识补充**
>
> ## 主板上的信号线和控制线
>
> 主板上的信号线和控制线的接口都有文字标识，用户也可通过主板说明书查看对应的位置。其中，H.D.D LED 信号线连接硬盘信号灯，RESET SW（QS）控制线连接重新启动按钮，POWER LED 信号线连接主机电源灯，SPEAKER 信号线连接主机喇叭，POWER SW（QS）控制线连接开机按钮，USB 控制线和 AUDIO 控制线分别连接机箱前面板中的 USB 接口和音频接口。

（6）首先在机箱的前面板连接线中找到音频连线的插头（标记为 HD AUDIO），将其插入主板相应的插座上；然后在机箱的前面板连接线中找到前置 USB 连线的插头（标记为 USB），将其插入主板相应的插座上；再在机箱的前面板连接线中找到 USB 3.1 连线的插头，将其插入主板相应的插座上，如图 3-46 所示。

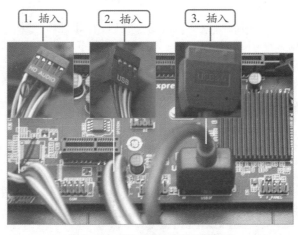

图 3-46　插入外置面板控制线插头

（7）从机箱信号线中找到主机开关电源工作状态指示灯信号线，它是独立的两芯插头，将其和主板上的POWER LED接口相连；找到机箱的电源开关控制线插头，该插头为一个两芯的插头，和主板上的POWER SW（QS）或PWR SW插座相连；找到硬盘工作状态指示灯信号线插头，其为两芯插头，一根线为红色，另一根线为白色，将该插头和主板上的H.D.D LED接口相连；找到机箱上的重启按钮控制线插头，将其和主板上的RESET SW（QS）接口相连，如图3-47所示。

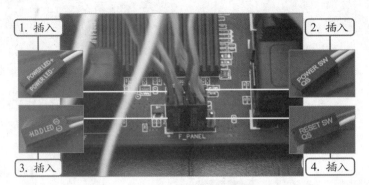

图3-47　连接机箱信号线和控制线

（8）将机箱内部的信号线放在一起，将光驱、硬盘的数据线和电源线理顺后，用扎带捆绑固定起来，并将所有电源线捆扎起来，如图3-48所示。

图3-48　整理线缆

知识补充　信号线和控制线的正负极

有些信号线或控制线的插头需要区分正负极，通常白色线为负极，主板上的标记为⊖；红色线为正极，主板上的标记为⊕。

（八）连接周边设备

这也是组装计算机硬件的最后步骤，需要安装机箱侧面板，然后连接显示器、键盘和鼠标，并将计算机通电，具体操作如下。

（1）将拆除的两个机箱侧面板装上，然后用螺钉固定，如图3-49所示。

图3-49　安装并固定侧面板

（2）首先将 PS/2 键盘连接线插头对准主机后的紫色键盘接口并插入；再将 USB 鼠标连接线插头对准主机后的 USB 接口并插入；再将显示器包装箱中配置的数据线的 VGA 插头插入显卡的 VGA 接口中（如果显示器的数据线是 DVI 或 HDMI 插头，则对应连接机箱后的接口即可），然后拧紧插头上的两颗固定螺钉，如图 3-50 所示。

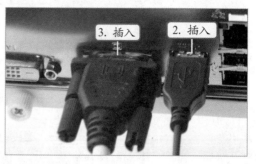

图 3-50　连接键盘、鼠标和显卡

（3）将显示器数据线的另外一个插头插入显示器后面的 VGA 接口上，并拧紧插头上的两颗固定螺钉；将显示器包装箱中配置的电源线的一头插入显示器电源接口中，如图 3-51 所示。

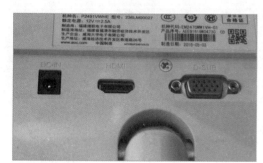
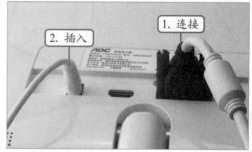

图 3-51　连接显示器

（4）检查前面连接的各种连线，确认连接无误后，将主机电源线连接到主机后的电源接口，如图 3-52 所示。

图 3-52　连接主机电源线

（5）先将显示器电源插头插入电源插线板中，再将主机电源线插头插入电源插线板中，完成计算机整机的组装操作，如图 3-53 所示。

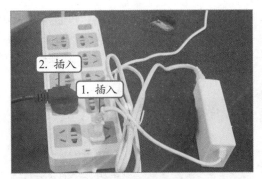

图 3-53　完成计算机组装操作

组装后的通电检测

知识补充

　　计算机全部配件组装完成后，通常要再次检测是否安装成功。启动计算机，若能正常开机并显示自检画面，则说明整个计算机已组装成功，否则会发出报警声音。出错的硬件不同，报警声也不相同。通常最易出现的错误是显卡和内存条未插好，将其拔下重新插入即可解决问题。

实训　拆卸计算机硬件连接

【实训要求】

　　将一台组装好的计算机中的硬件都拆卸下来，进一步了解计算机各硬件的安装。本实训的前后对比效果如图 3-54 所示。

【实训思路】

　　完成本实训主要包括拆卸显示器、拆卸外部连线和拆卸机箱中的硬件三大步操作。

微课视频

拆卸计算机硬件连接

图 3-54　计算机拆卸前后对比效果

【步骤提示】

　　（1）关闭电源开关，拔下主机箱上的电源线，在机箱后侧将一些连线的插头直接向外水平拔出，如键盘线、鼠标线、电源线、USB 线、音箱线等。

（2）在机箱后侧先将剩余连线的插头两侧螺钉固定把手拧松，再向外平拉，如显示器信号电缆插头或打印机信号电缆插头等。

（3）拔下所有外设连线后，可以打开机箱，机箱盖的固定螺钉大多在机箱后侧边缘上，用十字螺丝刀拧下机箱的固定螺钉可以取下机箱盖。

（4）打开机箱盖后，可以拆卸板卡，拆卸板卡时，先用螺丝刀拧下条形窗口上固定插卡的螺钉，然后用双手捏紧接口卡的上边缘，平直地向上拔出板卡。

（5）拆卸板卡后，需要拔下硬盘的数据线和电源线，在拆卸时，只需捏紧插头的两端，平稳地沿水平方向拔出即可。然后需要拆下硬盘，先拧下驱动器支架两侧固定驱动器的螺钉，然后握住硬盘向后抽出驱动器，在拆卸过程中应防止硬盘滑落损坏。

（6）按照同样的方法拆下光盘驱动器。与拆下硬盘唯一的不同点是，光盘驱动器应该从机箱的前面一侧抽出。

（7）将插在主板电源插座上的电源插头拔下，现在的 ATX 电源插头上有一个小塑料卡，捏住塑料卡，然后可以拔出。除了拔下主板的电源插头外，需要拔下的插头还有 CPU 风扇电源插头和主板与机箱面板按钮连线插头等。

（8）取出内存条，向外侧扳开内存插槽上的固定卡，捏住内存条的两端，向上均匀用力，将内存条取下。

（9）拆下 CPU，先将 4 个 CPU 风扇固定扣打开，取下 CPU 风扇，然后将 CPU 插槽旁边的 CPU 固定拉杆拉起，捏住 CPU 的两侧，小心地将 CPU 取下。

（10）取出主板，将主板的各个部分与机箱分离后，可以拧下固定主板的螺钉，将主板从主机箱中取出来。

（11）拆下主机电源，先拧下固定的螺钉，再握住电源向后抽出机箱即可。至此完成了计算机硬件的拆卸工作，并能看到组成计算机的大部分硬件。

课后练习

（1）简述计算机组装的基本流程。

（2）根据本项目的讲解，试着在一台计算机上卸载机箱内的所有硬件设备，然后重新组装。

（3）仔细查看主板说明书，找到主板上连接机箱内部连线的接口位置，将上面的连线拔掉，然后尝试将连线重新连接起来。

（4）拆卸计算机的外部设备，并将其重新安装。

（5）试着不按本项目的安装步骤，自行组装一台计算机。

（6）总结一种能够迅速组装一台计算机的方法。

技能提升

1. 组装计算机注意避免"木桶效应"

木桶效应是指一只木桶能盛多少水，并不取决于最长的那块木板，而是取决于最短的那块木板，也可称为短板效应。组装计算机也容易产生木桶效应，一个硬件选择不当就会引起整台计算机的木桶效应。例如，一个 1GB 的 DDR3 内存搭配酷睿 i7 处理器，内存性能存在瓶颈导致整机性能低下，处理器性能发挥不完全。在设计组装计算机的配置单时，需要根据市场定位选购和搭配各种硬件，并注意以下4个问题，尽量避免出现"木桶效应"。

- **拒绝商家偷梁换柱**：无论是在网上还是实体店组装计算机，最终的硬件配置和最初的配置单都会有一定的差别，导致这种结果的原因就是很多商家通常会通过调换配置来获得更多的利润。例如，将配置单上的独立显卡换成同样品牌的 TC 显卡（当显卡显存不够用时，共享系统内存的显卡），这样商家获得了利润，但计算机的配置却因显卡的短板产生了"木桶效应"。
- **严防商家瞒天过海**：主要是针对 CPU 产品，选购 CPU 时，尽量选择盒装的，并仔细检查处理器包装，防止二次封装。
- **电源切忌小马拉大车**：组装计算机经常容易忽视电源问题，低端电源或杂牌山寨电源普遍出现功率虚标现象，切忌不要被所谓的峰值功率忽悠。
- **固态硬盘和机械硬盘的选择**：现在的硬盘逐渐成为短板硬件之一，建议选购一个固态硬盘当系统盘，以加速系统的运行。如果对系统的存储空间有需求，就可以使用固态硬盘（系统盘）+ 机械硬盘（存储盘）的组合。

总之，在组装计算机的过程中，设计的配置多多少少都存在"木桶效应"，因此需要尽量达到均衡。

2. 水冷散热器的安装注意事项

由于在散热效率和静音等方面有着种种优势，计算机水冷散热器已经开始流行，为了使元件充分发挥其额定性能并加强使用中的可靠性，用户除必须科学地选择散热器外，还需正确安装，由于水冷散热器的安装比较复杂，因此在安装元件与散热器时，应注意以下事项。

- 水冷散热器的接触面必须与硬件接触面尺寸相匹配，防止压扁、压歪损坏硬件。
- 水冷散热器的接触面必须具有较高的平整度和光洁度。建议选购接触面粗糙度 ≤ 1.6 μm，平整度 ≤ 30 μm 的水冷散热器。安装时，硬件接触面与散热器接触面应保持清洁干净，无油污等脏物。
- 安装时，要保证硬件接触面与水冷散热器的接触面完全平行。在安装过程中，用户应通过硬件中心线施加压力，以使压力均匀分布在整个接触区域。建议使用扭矩扳手，对所有紧固螺母交替均匀用力，压力的大小要达到数据表中的要求。
- 在重复使用水冷散热器时，应特别注意检查其接触面是否光洁、平整，水腔内是否有水垢和堵塞，接触面是否出现下陷等情况，若出现上述情况应予以更换。

3. 在组装计算机时安装音箱

很多计算机都需要安装音箱，安装音箱比较复杂的操作是连接音箱之间的连线，而音箱与计算机的连线比较简单，通常都是一根绿色接头的输出线，具体操作如下。

（1）通常购买音箱时会附带相应的连接线，组装时，只需使用其中的双头主音频线与左右声道音频线，将所需的音频线取出并整理好，如图3-55所示。

微课视频

在组装计算机时安装音箱

（2）将双头主音频线按不同的颜色，分别插入音箱后面对应颜色的音频输入孔中（通常是红色插头对应红色输入孔，白色插头对应白色输入孔），如图3-56所示。

（3）将两根连接左右声道音箱的音频线按不同的颜色或正负极加以区分，将裸露的线头分别插入低音炮与扬声器的左右音频输出口（即左右声道）中，并用手指将塑料卡扣压紧以固定音频线，如图 3-57 所示。

（4）将双头音频线的另一头插入主板或声卡的声音输出口中（通常为绿色），完成音箱的安装操作，如图 3-58 所示。

图 3-55　整理音频线

图 3-56　连接双头主音频线

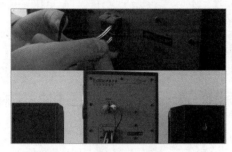

图 3-57　连接左右声道音频线

图 3-58　连接音频输出口

4. 组装计算机的常用技巧

新手在组装计算机时，不能只是按照前面介绍的流程进行，因为每台计算机的主板、机箱、电源等都不一样，对于有疑惑的地方，可以查阅说明书。下面介绍组装计算机的常用技巧。

● **选择 PCI-E 插槽**：对于有多条 PCI-E 插槽的主板，靠近 CPU 的 PCI-E 插槽能给显卡提供更完整的性能，用户通常应该选择该插槽安装显卡。但在一些计算机中，CPU 散热器体积过于庞大（如水冷），与显卡散热器的位置会发生冲突，此时为了给 CPU 和显卡更大的散热空间，需要将显卡安装在第二条 PCI-E 插槽上。

● **注意固定主板螺丝的顺序**：主板螺丝的安装有一定的顺序，先将主板螺丝孔位与背板螺钉对齐，安装主板对角线位置的两颗螺丝，这样可以避免在安装之后主板发生位移，但这两颗螺丝不必拧紧，然后安装其余 4 颗螺丝，同样不必拧紧，6 颗螺丝都安装完毕之后，再依次拧紧，避免因受力不均导致主板变形。

● **选择安装硬件的顺序**：对于组装计算机的顺序，不同的人有不同的看法，按照自己的习惯进行即可。对于组装计算机的新手而言，最好先将硬盘、电源安装到机箱后，再将安装好 CPU、显卡的主板安装到机箱中，这样可以避免在安装电源和硬盘时失手，撞坏主板。

项目四
设置 BIOS 和硬盘分区

情景导入

老洪：米拉，为什么把装好的计算机拆开？

米拉：今天安装操作系统时，计算机提示没有找到硬盘，不会是硬盘坏了吧！

老洪：不会吧，刚买的硬盘就坏了？对了，你对硬盘分区了吗？

米拉：分区？什么是分区？

老洪：计算机并不是安装好硬件就能安装操作系统的，还需要设置 BIOS 和对硬盘进行分区。

米拉：为什么呢？

老洪：因为硬盘出厂时，里面是没有数据的，需要对硬盘进行分区，才能向里面安装操作系统。

米拉：原来如此，那你教教我怎么分区吧。

学习目标

- 认识 BIOS 的功能和类型
- 熟练掌握设置 BIOS 的基本操作
- 熟练掌握对硬盘进行分区的基本操作
- 熟练掌握对硬盘进行格式化的基本操作

技能目标

- 能够轻松设置 BIOS
- 能够使用软件对硬盘进行分区
- 能够使用软件对硬盘进行格式化

素质目标

- 培养精益求精的工作态度，培养具有专注度、敬业和责任感的职业素质

任务一 设置 UEFI BIOS

基本输入和输出系统(Basic Input and Output System，BIOS)是被固化在只读存储器(Read

Only Memory，ROM）中的程序，因此又称为 ROM BIOS 或 BIOS ROM。BIOS 程序在开机时即运行，执行 BIOS 后，才能使硬盘上的程序正常工作。由于 BIOS 存储在只读存储器中，因此它只能读取不能修改，且断电后仍能保持数据不丢失。

一、任务目标

熟悉 UEFI BIOS 的基本功能、类型、基本操作，以及界面中的主要设置，并通过一些具体的 BIOS 设置掌握常见的设置操作。

二、相关知识

统一的可扩展固件接口（Unified Extensible Firmware Interface，UEFI）是一种详细描述全新类型接口的标准，是适用于计算机的标准固件接口，旨在代替 BIOS 并提高软件互操作性和解决 BIOS 的局限性，现在通常把具备 UEFI 标准的 BIOS 设置称为 UEFI BIOS。作为传统 BIOS 的继任者，UEFI BIOS 拥有前者所不具备的诸多功能，如图形化界面、多种多样的操作方式、允许植入硬件驱动等。这些特性让 UEFI BIOS 相比传统 BIOS 更加易用、功能更多、更加方便。而 Windows 8 操作系统在发布之初就对外宣布全面支持 UEFI，这也促使了众多主板厂商纷纷转投 UEFI，并将此作为主板的标准配置之一。

UEFI BIOS 具有以下 5 个特点。

● 通过保护预启动或预引导进程，抵御 bootkit 攻击，从而提高安全性。

● 缩短了启动时间和从休眠状态恢复的时间。

● 支持容量超过 2.2TB 的驱动器。

● 支持 64 位的现代固件设备驱动程序，系统在启动过程中，可以使用它们来对超过 172 亿 GB 的内存进行寻址。

● UEFI 硬件可与 BIOS 结合使用。

图 4-1 所示为 UEFI BIOS 芯片和开机自检画面。不同品牌的主板，其 UEFI BIOS 的设置程序可能不同，但进入设置程序的操作是相同的，启动计算机，按【Delete】键或【F2】键，即出现屏幕提示。图 4-2 所示为微星主板的 UEFI BIOS 的主界面。

图 4-1 UEFI BIOS 芯片和开机自检画面

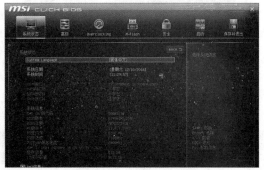

图 4-2 UEFI BIOS 主界面

（一）BIOS 的基本功能

BIOS 的功能主要包括中断服务程序、系统设置程序、开机自检程序和系统启动自举程序 4 项，但经常使用到的只有后面 3 项。

● **中断服务程序：**实质上是指计算机系统中软件与硬件之间的一个接口，操作系统对硬盘、光驱、键盘和显示器等设备的管理，都建立在 BIOS 的基础上。

● **系统设置程序**：计算机在对硬件进行操作前，必须先知道硬件的配置信息，这些配置信息存放在一块可读写的 RAM 芯片中，而 BIOS 中的系统设置程序主要用来设置 RAM 中的各项硬件参数，这个设置参数的过程就称为 BIOS 设置。

● **开机自检程序**：在按下计算机电源开关后，自检（Power On Self Test，POST）程序将检查各个硬件设备是否正常工作，自检包括对 CPU、640KB 基本内存、1MB 以上的扩展内存、ROM、主板、CMOS 存储器、串并口、显卡、软/硬盘子系统及键盘的测试，一旦在自检过程中发现问题，系统将给出提示信息或警告。

● **系统启动自举程序**：完成开机自检后，BIOS 将先按照 RAM 中保存的启动顺序来搜寻软硬盘、光盘驱动器和网络服务器等有效的启动驱动器，再读入操作系统引导记录，然后将系统控制权交给引导记录，最后由引导记录完成系统的启动。

（二）传统 BIOS 的类型

通常 BIOS 的类型是按照品牌划分的，现在主要有以下两种。

● **AMI BIOS**：它是 AMI 公司生产的 BIOS，最早开发于 20 世纪 80 年代中期，占据了早期台式机的市场，286 和 386 计算机大多采用该 BIOS，它具有即插即用、绿色节能和 PCI 总线管理等功能。图 4-3 所示为 AMI BIOS 芯片及其开机自检画面。

● **Phoenix-Award BIOS**：目前新配置的计算机大多使用 Phoenix-Award BIOS，其功能和界面与 Award BIOS 基本相同，只是标识的名称代表了不同的生产厂家，因此可以将 Phoenix-Award BIOS 当作是新版本的 Award BIOS。图 4-4 所示为 Phoenix-Award BIOS 芯片及其开机自检画面。

图 4-3　AMI BIOS 芯片及其开机自检画面　图 4-4　Phoenix-Award BIOS 芯片及其开机自检画面

（三）BIOS 的基本操作

UEFI BIOS 可以直接通过鼠标操作，而传统 BIOS 进入设置主界面后，可通过快捷键进行操作，这些快捷键在 UEFI BIOS 中同样适用。

● **【←】、【→】、【↑】、【↓】键**：用于在各设置选项间切换和移动。
● **【＋】或【Page Up】键**：用于切换选项设置递增值。
● **【－】或【Page Down】键**：用于切换选项设置递减值。
● **【Enter】键**：确认执行和显示选项的所有设置值并进入选项子菜单。
● **【F1】或【Alt＋H】键**：弹出帮助窗口，并显示所有功能键。
● **【F5】键**：用于载入选项修改前的设置值。

- **【F6】键**：用于载入选项的默认值。
- **【F7】键**：用于载入选项的最优化默认值。
- **【F10】键**：用于保存并退出 BIOS 设置。
- **【Esc】键**：回到前一级画面或主画面，或从主画面中结束设置程序。按此键也可不保存设置直接要求退出 BIOS 程序。

扫一扫

高清大图

（四）认识 UEFI BIOS 中的主要设置项

UEFI BIOS 通常是中文界面，通过鼠标可以直接设置，一般包括系统设置、高级设置、CPU 设置、固件升级、安全设置、启动设置和保存退出等选项。这里以微星主板的 UEFI BIOS 设置为例，其主要设置项包括以下 7 种。

- **系统状态**：主要用于显示和设置系统的各种状态信息，包括系统日期、时间、各种硬件信息等，如图 4-5 所示。

- **高级**：主要用于显示和设置计算机系统的高级选项，包括 PCI 子系统、主板中的各种芯片组、电源管理、硬件监控、整合周边设备等，如图 4-6 所示。

- **Overclocking**：主要用于显示和设置硬件频率和电压，包括 CPU 频率、内存频率、PCH 电压、内存电压、CPU 规格等，如图 4-7 所示。

图 4-5 "系统状态"界面

图 4-6 "高级"界面

图 4-7 "Overclocking"界面

- **M-Flash**：主要用于 UEFI BIOS 的固件升级，如图 4-8 所示。
- **安全**：主要用于设置系统安全密码，包括管理员密码、用户密码和机箱入侵设置等，如图 4-9 所示。
- **启动**：主要用于显示和设置系统的启动信息，包括启动配置、启动模式和启动顺序等，如图 4-10 所示。
- **保存并退出**：主要用于显示和设置 UEFI BIOS 的操作更改，包括保存选项和更改的操作等，如图 4-11 所示。

图 4-8 "M-Flash"界面

图 4-9 "安全"界面

图 4-10 "启动"界面

图 4-11 "保存并退出"界面

三、任务实施

（一）设置计算机启动顺序

启动顺序是指系统启动时，将按设置的驱动器顺序查找并加载操作系统，是在"启动"界面中进行设置。下面在"启动"界面中设置计算机通过光驱和 U 盘启动，具体操作如下。

（1）启动计算机，当出现自检画面时按【Delete】键，进入 UEFI BIOS 设置主界面，单击上面的"启动"按钮；打开"启动"界面，在"设定启动顺序优先级"栏中选择"启动选项 #1"选项，如图 4-12 所示。

（2）打开"启动选项 #1"对话框，选择"UEFI CD/DVD"选项，如图 4-13 所示。

图 4-12 选择启动选项

图 4-13 设置光驱启动

（3）返回"启动"界面，在"设定启动顺序优先级"栏中选择"启动选项 #2"选项，如图 4-14 所示。

（4）打开"启动选项 #2"对话框，选择"USB Hard Disk"选项，如图 4-15 所示。

图 4-14　选择第二启动选项　　　　　　　　　图 4-15　设置 U 盘启动

（5）返回"启动"界面，单击上面的"保存并退出"按钮；打开"保存并退出"界面，在"保存并退出"栏中选择"储存变更并重新启动"选项，如图 4-16 所示。

（6）在打开的提示框中要求用户确认是否保存并重新启动，单击"是"按钮，如图 4-17 所示，完成计算机启动顺序的设置。

图 4-16　保存更改并重新启动　　　　　　　图 4-17　确认设置

（二）设置 BIOS 管理员密码

通常在 BIOS 设置中有两种密码形式，一种是管理员密码，设置这种密码后，计算机开机就需要输入该密码，否则无法开机登录；另一种是用户密码，设置这种密码后，可以正常开机使用，但进入 BIOS 需要输入该密码。下面介绍设置管理员密码的方法，具体操作如下。

微课视频

设置 BIOS 管理员
密码

（1）进入 UEFI BIOS 设置主界面，单击上面的"安全"按钮；打开"安全"界面，在"安全"栏中选择"管理员密码"选项，如图 4-18 所示。

（2）打开"建立新密码"对话框，输入密码，如图 4-19 所示。

（3）打开"确认新密码"对话框，再次输入相同的密码，如图 4-20 所示。

（4）返回"安全"界面，显示管理员密码已设置，如图 4-21 所示。保存变更并重新启动计算机，将打开输入密码登录的界面，输入刚才设置的管理员密码即可启动计算机。

图 4-18 选择"管理员密码"选项

图 4-19 输入密码

图 4-20 确认密码

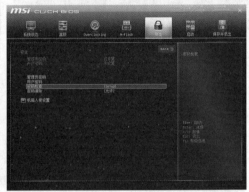

图 4-21 完成密码设置

（三）设置意外断电后恢复状态

通常在计算机意外断电后，需要重新启动计算机，但在 BIOS 中进行断电恢复的设置后，一旦电源恢复，计算机将自动启动。下面在 UEFI BIOS 中设置计算机自动断电后重启，具体操作如下。

（1）进入 UEFI BIOS 设置主界面，单击上面的"高级"按钮；打开"高级"界面，在"高级"栏中选择"电源管理设置"选项，如图 4-22 所示。

（2）在"高级 \ 电源管理设置"栏中选择"AC 电源掉电再来电的状态"选项，如图 4-23 所示。

微课视频

设置意外断电后恢复状态

图 4-22 选择"电源管理设置"选项

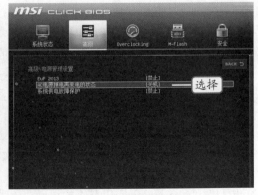

图 4-23 电源管理设置

（3）打开"AC 电源掉电再来电的状态"对话框，选择"开机"选项，如图 4-24 所示，然后保存变更并重新启动计算机。

操作提示　**断电恢复的状态选项**

系统默认是"关机"选项，如果选择"掉电前的最后状态"选项，则系统将根据掉电前计算机的状态进行恢复。

图 4-24　设置断电恢复的选项

（四）升级 BIOS 来兼容最新硬件

对于 UEFI BIOS 来说，可以通过升级的方式来兼容最新的计算机硬件，提升计算机的性能。下面升级 BIOS，具体操作如下。

（1）进入 UEFI BIOS 设置主界面，单击上面的"M-Flash"按钮；打开"M-Flash"界面，在"M-Flash"栏中选择"选择一个用于更新 BIOS 和 ME 的文件"选项，如图 4-25 所示。

（2）打开"选择 UEFI 文件"对话框，在其中选择一个升级的文件，如图 4-26 所示，系统将自动升级 BIOS 并自动重新启动计算机。

微课视频

升级 BIOS 来兼容最新硬件

图 4-25　选择 M-Flash 选项

图 4-26　选择升级的文件

操作提示　**不保存设置退出**

如果对设置不满意，需要直接退出 BIOS，则可以在 BIOS 界面中单击上面的"保存并退出"按钮，打开"保存并退出"界面，在"保存并退出"栏中选择"撤销改变并退出"选项，在打开的提示框中要求用户确认是否退出而不保存，单击"是"按钮，如图 4-27 所示。

图4-27 不保存设置退出

任务二 硬盘分区

硬盘分区是指在一块物理硬盘上创建多个独立的逻辑单元，以提高硬盘利用率，并实现数据的有效管理，这些逻辑单元即通常所说的C盘、D盘和E盘等。随着硬盘容量的不断提升，过去的硬盘分区方式已经不能兼容2TB以上容量的硬盘，硬盘分区时，需要针对不同的容量，使用不同的方法进行分区。

一、任务目标

了解硬盘分区的原因和原则，并认识分区的类型和格式，最后对不同容量的硬盘进行分区。通过本任务的学习，可以掌握为硬盘分区的具体操作方法。

二、相关知识

（一）分区的原因

对硬盘进行分区的原因主要有以下两个方面。

- **引导硬盘启动**：新出厂的硬盘并没有进行分区激活，这使得计算机无法对硬盘进行读写操作。在对硬盘进行分区时，可为其设置好各项物理参数，并指定硬盘的主引导记录及引导记录备份的存放位置。只有主分区中存在主引导记录，才可以正常引导硬盘启动，从而实现操作系统的安装及数据读写。
- **方便管理**：未进行分区的新硬盘只具有一个原始分区，但随着硬盘容量越来越大，一个分区不仅会使硬盘中的数据没有条理，而且不利于发挥计算机的性能，因此有必要合理分配硬盘空间，将其划分为几个容量较小的分区。

（二）分区的原则

在对硬盘进行分区时，不可盲目分配，需按照一定的原则来完成分区操作。分区的原则一般包括合理分区、实用为主和根据操作系统的特性分区等。

- **合理分区**：合理分区是指分区数量要合理，不可过多。过多的分区将降低系统启动及读写数据的速度，并且不方便磁盘管理。
- **实用为主**：根据实际需要来决定每个分区的容量大小，每个分区都有专门的用途。这样可以使各个分区之间的数据相互独立，不易产生混淆。
- **根据操作系统的特性分区**：同一种操作系统不能支持全部类型的分区格式，因此，在分区时应考虑将要安装何种操作系统，以便合理安排。

常见的硬盘分为系统分区、程序分区、数据分区和备份分区 4 个分区，除了系统分区要考虑操作系统容量外，其余分区可平均分配。

（三）分区的类型

分区类型最早是在 DOS 操作系统中出现的，其作用是描述各个分区之间的关系。分区类型主要包括主分区、扩展分区与逻辑分区。

- **主分区**：主分区是硬盘上最重要的分区。一个硬盘上最多能有 4 个主分区，但只能有一个主分区被激活。主分区被系统默认分配为 C 盘。
- **扩展分区**：主分区外的其他分区统称为扩展分区。
- **逻辑分区**：逻辑分区从扩展分区中分配，只有逻辑分区的文件格式与操作系统兼容时，操作系统才能访问它。逻辑分区的盘符默认从 D 盘开始（前提条件是硬盘上只存在一个主分区）。

（四）传统的 MBR 分区格式

MBR（Master Boot Record）是在磁盘上存储分区信息的一种方式，这些分区信息包含了分区从哪里开始的信息，这样操作系统才知道哪个扇区属于哪个分区，以及哪个分区可以启动。MBR 的意思是"主引导记录"，它是存在于驱动器开始部分的一个特殊的启动扇区，这个扇区包含了已安装的操作系统的启动加载器和驱动器的逻辑分区信息。如果安装了 Windows 操作系统，Windows 启动加载器的初始信息就放在该区域里。如果 MBR 的信息被覆盖导致 Windows 不能启动，就需要使用 Windows 的 MBR 修复功能来使其恢复正常。MBR 支持最大 2TB 硬盘，它无法处理大于 2TB 容量的硬盘。MBR 只支持最多 4 个主分区，如果要有更多分区，则需要创建"扩展分区"，并在其中创建逻辑分区。

传统的 MBR 分区文件格式有 FAT32 与 NTFS 两种，以 NTFS 为主，这种文件格式的硬盘分区占用的簇更小，支持的分区容量更大，并且引入了一种文件恢复机制，可最大限度地保证数据安全。Windows 系列操作系统通常都使用这种分区的文件格式。

（五）2TB 以上容量的硬盘使用 GPT 分区格式

GPT 也称为 GUID 分区表，这是一个正逐渐取代 MBR 的新分区标准，它和 UEFI 相辅相成——UEFI 用于取代老旧的 BIOS，而 GPT 则取代老旧的 MBR。GUID 分区表的由来是因为驱动器上的每个分区都有一个全局唯一标识符（Globally Unique Identifier，GUID）——这是一个随机生成的字符串，可以保证为每一个 GPT 分区都分配完全唯一的标识符。这个标准没有 MBR 的那些限制。磁盘驱动器容量可以大得多，大到操作系统和文件系统都无法支持。它同时支持几乎无限个分区，限制只在于操作系统——Windows 支持最多 128 个 GPT 分区，而且不需要创建扩展分区。

在 MBR 磁盘上，分区和启动信息是保存在一起的。如果这部分数据被覆盖或破坏，硬盘通常就不容易恢复了。相对地，GPT 会在整个磁盘上保存多个这部分信息的副本，因此它更为安全，并可以恢复被破坏的这部分信息。GPT 还为这些信息保存了循环冗余校验码（Cyclic Redundancy Check，CRC），以保证其完整和正确——如果数据被破坏，GPT 会发觉这些破坏，并从磁盘上的其他地方恢复。而 MBR 则对这些问题无能为力，只有在问题出现后，才会发现计算机无法启动，或磁盘分区都不翼而飞了。

三、任务实施

（一）使用 DiskGenius 为 80GB 硬盘分区

微课视频

使用 DiskGenius 为
80GB 硬盘分区

DiskGenius 是 Windows PE 中自带的专业硬盘分区软件，可以对目前所有容量的硬盘进行分区。2TB 是硬盘分区的分水岭，80GB 低于 2TB，可以使用 MBR 的分区格式。下面通过 U 盘启动计算机，并使用 DiskGenius 为 80GB 的硬盘进行分区，具体操作如下。

（1）启动计算机，在 BIOS 中设置 U 盘为第一启动驱动器（相关操作在前面已经详细讲解过，这里不再赘述），然后插入制作好的 U 盘启动盘，重新启动计算机，计算机将通过 U 盘中的启动程序启动，进入启动程序的菜单选择界面，按方向键选择"【1】启动 Win10 X64 PE（2G 以上内存）"选项，按【Enter】键，如图 4-28 所示。

（2）进入 Windows PE 操作系统界面，双击"分区工具"图标 📇，如图 4-29 所示。

（3）打开软件的工作界面，在左侧的列表框中选择需要分区的硬盘；单击硬盘对应的区域；单击"新建分区"按钮，如图 4-30 所示。

（4）打开"建立新分区"对话框，在"请选择分区类型"栏中单击选中"主磁盘分区"单选项；在"请选择文件系统类型"下拉列表框中选择"NTFS"选项；在"新分区大小"数值框中输入"20"；在右侧的下拉列表框中选择"GB"选项；单击"确定"按钮，如图 4-31 所示。

图 4-28　选择操作系统

图 4-29　启动分区软件

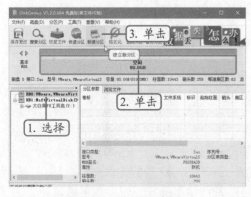

图 4-30　选择分区的硬盘

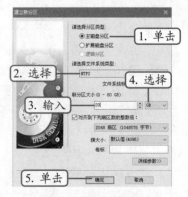

图 4-31　建立主磁盘分区

（5）返回 DiskGenius 工作界面，可以看到已经划分好的硬盘主磁盘分区。继续单击空闲的硬盘空间；单击"新建分区"按钮，如图 4-32 所示。

（6）打开"建立新分区"对话框，在"请选择分区类型"栏中单击选中"扩展磁盘分区"单选项；在"请选择文件系统类型"下拉列表框中选择"Extend"选项；在"新分区大小"数值框中输入"60"；在右侧的下拉列表框中选择"GB"选项；单击"确定"按钮，如图 4-33所示。

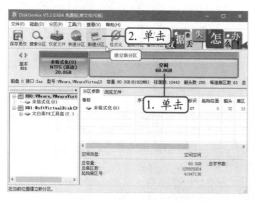

图 4-32　选择空闲硬盘空间

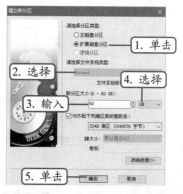

图 4-33　建立扩展磁盘分区

（7）返回 DiskGenius 工作界面，可以看到已经将刚才选择的硬盘空闲分区划分为扩展硬盘分区。继续单击空闲的硬盘空间；单击"新建分区"按钮，如图 4-34 所示。

（8）打开"建立新分区"对话框，在"请选择分区类型"栏中单击选中"逻辑分区"单选项；在"请选择文件系统类型"下拉列表框中选择"NTFS"选项；在"新分区大小"数值框中输入"10"；在右侧的下拉列表框中选择"GB"选项；单击"确定"按钮，如图 4-35所示。

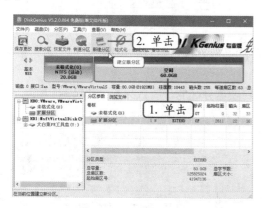

图 4-34　继续硬盘分区

图 4-35　建立第一个逻辑分区

（9）返回 DiskGenius 工作界面，可以看到已经将刚才选择的硬盘空闲分区划分出一个逻辑分区。继续单击剩余的空闲硬盘空间；单击"新建分区"按钮，如图 4-36 所示。

（10）打开"建立新分区"对话框，在"请选择分区类型"栏中单击选中"逻辑分区"单选项；在"请选择文件系统类型"下拉列表框中选择"NTFS"选项；在"新分区大小"数值框中输入"50"；在右侧的下拉列表框中选择"GB"选项；单击"确定"按钮，如图 4-37所示。

（11）返回 DiskGenius 工作界面，可以看到已经将硬盘划分为 3 个分区。单击"保存更改"按钮，如图 4-38 所示。

（12）弹出提示框，要求用户确认是否保存分区的更改，单击"是"按钮，如图 4-39 所示。

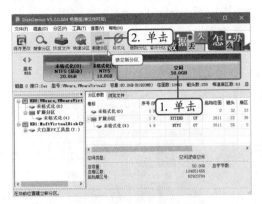

图 4-36　继续硬盘分区

图 4-37　建立第二个逻辑分区

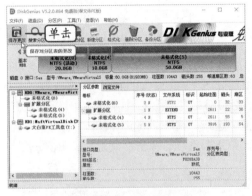

图 4-38　保存更改

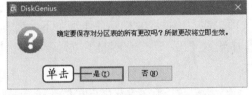

图 4-39　确认更改

（13）弹出提示框，询问用户是否对新建立的硬盘分区进行格式化，单击"否"按钮，如图 4-40 所示。

（14）返回 DiskGenius 工作界面，可以看到硬盘分区的最终效果，如图 4-41 所示。

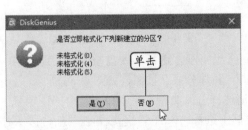

图 4-40　是否格式化分区

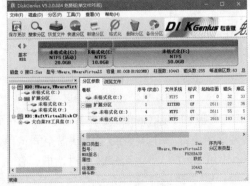

图 4-41　分区的最终效果

（二）使用 DiskGenius 为 8TB 硬盘分区

8TB 的硬盘需要使用 GPT 的分区格式，下面使用 DiskGenius 为 8TB 的硬盘进行分区。为了区别上一种分区方式，这里采用自动快速分区的方法，将硬盘分为两个区，具体操作如下。

（1）利用 U 盘启动计算机并进入 Windows PE 操作系统，启动并打开 DiskGenius 软件的工作界面，在左侧的列表框中选择需要分区的硬盘；单击硬盘对应的区域；单击"快速分区"按钮，如图 4-42 所示。

使用 DiskGenius 为 8TB 硬盘分区

（2）打开"快速分区"对话框，在左侧的"分区表类型"栏中单击选中"GUID"单选项；在"分区数目"栏中单击选中"自定"单选项；在右侧的下拉列表框中选择"2"选项；在"高级设置"栏第一行的文本框中输入"3000"；在右侧的"卷标"下拉列表框中选择"系统"选项；在"高级设置"栏第二行的文本框中输入"5000"；在右侧的"卷标"下拉列表框中选择"数据"选项；单击选中"对齐分区到此扇区数的整数倍"复选框；单击"确定"按钮，如图 4-43 所示。

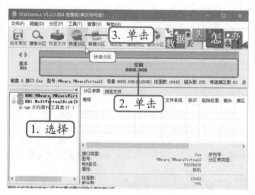

图 4-42　选择分区的硬盘

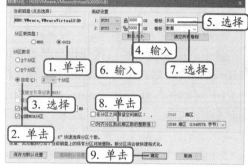

图 4-43　设置分区

（3）DiskGenius 开始按照设置对硬盘进行快速分区，分区完成后，会自动对分区进行格式化操作，如图 4-44 所示。

（4）返回 DiskGenius 工作界面，可以看到硬盘分区的最终效果，如图 4-45 所示。

图 4-44　快速分区并进行格式化

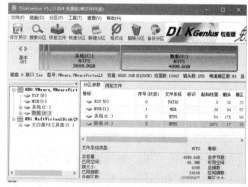

图 4-45　分区的最终效果

任务三　格式化硬盘

格式化硬盘是指对创建的分区进行初始化，并确定数据的写入区，只有经过格式化的分区才能安装软件和存储数据。格式化硬盘后，将会清除已存储数据的分区中的所有内容。

一、任务目标

本任务将了解格式化硬盘的相关知识，并对已经分区的硬盘进行格式化操作。通过本任务的学习，可以掌握格式化硬盘的具体操作方法。

二、相关知识

格式化硬盘通常有两种类型，也是平时所说的低格和高格。

● **低级格式化（低格）**：低级格式化又叫物理格式化，它将空白的磁盘划分出柱面和磁道，再将磁道划分为若干个扇区。硬盘在出厂时已经进行过低级格式化操作，常见的低级格式化工具有 LFormat、DM 及硬盘厂商们推出的各种硬盘工具等。

● **高级格式化（高格）**：高级格式化只是重置硬盘分区表，并清除硬盘上的数据，而不改动硬盘的柱面、磁道与扇区。通常所说的格式化都是指高格，常见的高级格式化工具有 DiskGenius、Fdisk 和 Windows 操作系统自带的格式化工具等。

三、任务实施

容量不同的硬盘，其格式化操作基本相同。下面对刚才已经分区的 80GB 硬盘进行格式化，具体操作如下。

微课视频

格式化硬盘

（1）启动并打开 DiskGenius 软件的工作界面，选择需要格式化的硬盘并单击硬盘主分区对应的区域；单击"格式化"按钮，如图 4-46 所示。

（2）打开"格式化分区"对话框，在其中设置格式化分区的各种选项，这里保持默认设置，单击"格式化"按钮，如图 4-47 所示。

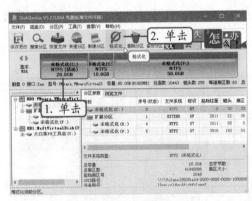

图 4-46　选择格式化分区　　　　　　图 4-47　设置格式化选项

（3）弹出提示框，要求用户确认是否格式化分区，单击"是"按钮，如图 4-48 所示。

（4）DiskGenius 开始格式化分区，并显示进度，如图 4-49 所示。

图 4-48　确认格式化

图 4-49　开始格式化分区

（5）返回 DiskGenius 软件的工作界面，可以看到系统分区已经完成格式化，如图 4-50 所示。

（6）按照相同的方法继续进行格式化操作，将其他两个硬盘分区格式化。完成格式化操作的最终效果如图 4-51 所示。

图 4-50　查看格式化效果　　　　　　　　图 4-51　最终效果

实训一　用 U 盘启动计算机并分区和格式化

【实训要求】

通过 U 盘启动计算机，然后利用 Windows PE 系统中的 DiskGenius 对计算机中的一个 800GB 的硬盘进行分区和格式化操作。本实训的参考效果如图 4-52 所示。

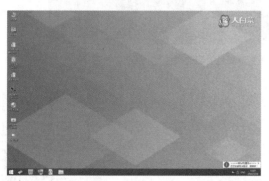

图 4-52　Windows PE 界面和 DiskGenius 软件的工作界面

【实训思路】

完成本实训主要包括设置计算机为 U 盘启动、进入 Windows PE、硬盘分区和格式化四大步骤。

【步骤提示】

（1）插入 U 盘启动盘，进入 BIOS 设置，进入高级 BIOS 特性设置界面，将 "First Boot Device" 选项设置为 "USB"，保存并退出。

（2）重新启动计算机，打开大白菜启动菜单，选择 "运行 Windows PE" 选项，进入 Windows PE 系统，选择【开始】/【所有程序】/【装机工具】/【DiskGenius】菜单命令，启动 DiskGenius。

微课视频

用 U 盘启动计算机并分区和格式化

（3）先创建主分区，其容量为200GB，然后将整个硬盘剩余的空间划分为2个逻辑分区。

（4）分区完成后，分别对分区进行格式化。

实训二　设置计算机为硬盘启动

【实训要求】

本实训的目标是启动计算机后进入BIOS，然后设置计算机的启动顺序，将计算机的第一启动项设置为硬盘，第二启动项设置为U盘。本实训的参考效果如图4-53所示。

图4-53　设置计算机的启动项

【实训思路】

本实训可综合运用前面所学知识，首先启动计算机，然后进入BIOS设置界面，接着进入启动设置界面，最后选择启动选项，选择硬盘作为第一启动设备。

微课视频
设置计算机为硬盘启动

【步骤提示】

（1）启动计算机，按【Delete】键进入UEFI BIOS设置主界面，单击上面的"启动"按钮；打开"启动"界面，在"设定启动顺序优先级"栏中选择"启动选项 #1"选项。

（2）打开"启动选项 #1"对话框，选择"Hard Disk"选项。

（3）返回"启动"界面，在"设定启动顺序优先级"栏中选择"启动选项 #2"选项。

（4）打开"启动选项 #2"对话框，选择"USB Hard Disk"选项。

（5）返回"启动"界面，单击上面的"保存并退出"按钮，打开"保存并退出"界面，在"保存并退出"栏中选择"储存变更并重新启动"选项。

（6）在打开的提示框中要求用户确认是否保存并重新启动，单击"是"按钮，完成计算机启动顺序的设置。

课后练习

（1）在某台计算机中，设置关闭光盘驱动器，设置 U 盘和硬盘启动。

（2）在某台计算机中，设置 BIOS 的管理员密码。

（3）在某台计算机中，设置开机顺序为光驱、USB、硬盘。

（4）在某台计算机中，使用 DiskGenius 对其中的硬盘进行分区，要求划分 2 个主分区和 1 个逻辑分区，然后对这些分区进行格式化。

（5）尝试使用一些其他软件对硬盘进行分区和格式化操作，如 Fdisk 或 Windows 自带的分区工具。

技能提升

1. 传统 BIOS 设置 U 盘启动

不同类型的 BIOS，设置 U 盘启动的方法有所差别。

● **Phoenix-Award BIOS**：启动计算机，进入 BIOS 设置界面，选择"Advanced BIOS Features"选项，在"Advanced BIOS Features"界面中，选择"Hard Disk Boot Priority"选项，进入 BIOS 开机启动项优先级选择界面，选择"USB-FDD"或者"USB-HDD"之类的选项（计算机会自动识别插入的 U 盘）；或在"Advanced BIOS Features"界面中，选择"First Boot Device"选项，在打开的界面中选择"USB-FDD"等 U 盘选项。

● **其他的一些 BIOS**：启动计算机，进入 BIOS 设置界面，按方向键选择"Boot"选项，在"Boot"界面中，选择"Boot Device Priority"选项，然后选择"1st Boot Device"选项，在该选项中选择插入计算机中的 U 盘作为第一启动设备。

2. 制作 U 盘启动盘

如今 U 盘也成为一种安装操作系统的工具，只需要使用一些专业软件将 U 盘制作成启动盘，然后将制作的 Windows XP/7/8/10 系统镜像文件放入 U 盘中，最后安装即可，整个过程十分简单。下面介绍制作 U 盘启动盘的具体操作步骤。

（1）打开大白菜官网，下载并安装 U 盘启动盘的制作软件。

（2）将一个 U 盘插入计算机的 USB 接口中。

（3）启动 U 盘启动盘制作工具软件，在主界面默认模式的"请选择"下拉列表框中选择 U 盘对应的选项。其他保持默认设置，单击"一键制作成 USB 启动盘"按钮。

（4）此时弹出一个提示框，要求用户确认是否开始制作，单击"确定"按钮。

（5）制作软件开始。向选择的 U 盘中写入数据，将其制作成启动盘，并在软件主界面窗口下面显示制作的进度。

（6）完成后，打开提示框，提示启动 U 盘制作成功，单击"确定"按钮。

3. 2TB 以上大容量硬盘分区的注意事项

对 2TB 以上的大容量硬盘进行分区，必须使用 GPT 分区才可识别整个硬盘容量。如果使用 GPT 分区，系统盘采用 GPT 格式，则对计算机的硬件有以下要求。

● 必须使用采用了 EFI BIOS 的主板。

● 主板的南桥驱动要求兼容 Long LBA。

● 必须安装64位的操作系统。

4. 利用硬盘自带软件为2TB以上大容量硬盘分区

很多2TB以上的大容量硬盘都会自带硬盘分区工具软件，如希捷硬盘的DiscWizard软件。无论是在Windows 7还是Windows 10操作系统中，无论主板BIOS是否支持UEFI，利用DiscWizard工具软件，都可以让2TB以上的大容量硬盘作为数据盘或系统盘的分区。

5. 主分区注意事项

主分区（C盘）是系统盘，硬盘的读写操作比较多，产生错误和磁盘碎片的概率也较大，扫描磁盘和整理碎片就成为了日常工作。C盘的容量过大，往往会使这两项工作进展缓慢，从而影响工作效率。因此，主分区的容量不能太大。

主分区除了操作系统，建议不要放置程序和资料，最好将各种程序放置到程序分区中；各种文本、表格、文档等需要其他程序才能打开的资料，都放置到资料分区中。这样即使系统瘫痪，不得不重装时，可用的程序和资料也会完好无缺，很快就可以恢复工作，而不必为了重新找程序恢复数据而头疼。

6. 在Windows 10操作系统中给硬盘分区

Windows 10操作系统自带了一个硬盘分区工具，可以对目前各种容量的硬盘进行分区。用户首先需要在一个硬盘中安装好Windows 10操作系统，然后安装一块硬盘，利用自带的分区工具对第二块硬盘进行分区，具体操作步骤如下。

（1）单击"开始"按钮，并单击开始菜单中的"Windows 管理工具"选项，在打开的子菜单中选择"计算机管理"命令。

（2）打开"计算机管理"窗口，在左边导航栏中展开"存储"栏，选择"磁盘管理"选项，这时会在右边的窗格中加载磁盘管理工具。

（3）在磁盘1（若是第二块硬盘，则是磁盘0，以此类推）中的"未分配"选项上单击鼠标右键，在弹出的快捷菜单中选择"新建简单卷"命令。

（4）打开"新建简单卷向导"对话框，单击"下一步"按钮，打开"指定卷大小"界面，在"简单卷大小"数值框中输入数值，设定分区大小，单击"下一步"按钮。

（5）打开"分配驱动器号和路径"界面，在"分配以下驱动器号"单选项右侧的下拉列表框中选择一个盘符，单击"下一步"按钮。

（6）打开"格式化分区"界面，单击选中"按下列设置格式化这个卷"单选项，并在下面的"文件系统"下拉列表框中选择"NTFS"选项，单击"下一步"按钮。

（7）打开"新建简单卷向导"的完成页面，单击"完成"按钮。

项目五

安装操作系统和常用软件

05

情景导入

老洪：米拉，今天我们学习安装操作系统和常用软件。

米拉：太好了，过去只看到过别人安装系统，今天我要亲自动手了。那需要准备哪些安装光盘呢？

老洪：安装光盘？可以不用！

米拉：不用？那用什么安装呢？

老洪：其实操作系统和软件的安装程序我们都可以通过网络下载，然后通过 U 盘安装，这也是目前最常用的系统和软件安装方式。你先去技术部拿一个 U 盘，然后我教你如何安装操作系统和常用软件。

米拉：好吧，看来今天又是忙碌的一天啊！

学习目标

- 了解安装操作系统、驱动程序、常用软件的相关知识
- 熟练掌握安装操作系统的基本操作

- 熟练掌握安装驱动程序的基本操作
- 熟练掌握安装与卸载常用软件的基本操作

技能目标

- 学会安装 Windows 10 操作系统，并能安装其他版本的操作系统
- 能安装各种硬件的驱动程序

- 能根据不同的用途和需要安装与卸载各种常用软件

素质目标

- 认识操作系统自主可控的重要性，将推动国产操作系统的发展作为使命追求

任务一　安装 Windows 操作系统

操作系统是计算机软件的核心，是计算机正常运行的基础，没有操作系统，计算机将无法完成任何工作。其他应用软件只能在安装了操作系统后再安装，没有操作系统的支持，应

用软件也不能发挥作用。Windows 系列操作系统是目前主流的操作系统，使用较多的版本是 Windows XP、Windows 7 和 Windows 10。

一、任务目标

练习在计算机中使用安装光盘安装 64 位 Windows 10 操作系统。通过本任务的学习，可以掌握 Windows 操作系统安装的相关操作。

二、相关知识

在安装操作系统前，还需要了解两个方面的相关知识，一是选择安装的方式，二是了解安装 Windows 10 操作系统对配置硬件的要求。

（一）选择安装方式

操作系统的安装方式通常有两种——升级安装和全新安装，全新安装又分为使用光盘安装和使用 U 盘安装两种。

1. 升级安装

升级安装是在计算机中已安装有操作系统的情况下，将其升级为更高版本的操作系统。但是，由于升级安装会保留已安装系统的部分文件，为避免旧系统中的问题遗留到新的系统中，建议删除旧系统，使用全新的安装方式。

2. 全新安装

全新安装是在计算机中没有安装任何操作系统的基础上安装一个全新的操作系统。

图5-1 Windows 10 安装光盘

- **光盘安装**：光盘安装就是购买正版的操作系统安装光盘，将其放入光驱，通过该安装光盘启动计算机，然后将光盘中的操作系统安装到计算机硬盘的系统分区中，这也是过去很长一段时间里最常用的操作系统安装方式。图 5-1 所示为 Windows 10 安装光盘。
- **U 盘安装**：这是一种现在非常流行的操作系统安装方式，首先从网上下载正版的操作系统安装文件，将其放置到硬盘或移动存储设备中，然后通过 U 盘启动计算机，在 Windows PE 操作系统中找到安装文件，通过该安装文件安装操作系统。

（二）Windows 10 操作系统对硬件配置的要求

Windows 操作系统对于计算机硬件配置的要求可分为两种，一种是 Microsoft 官方要求的最低配置，另一种是能够得到较满意运行效果的推荐配置（工作中建议采用）。Windows 10 操作系统配置的具体要求如下。

- **CPU**：1GHz 或更快的 32 位（x86）或 64 位（x64）。
- **内存**：1GB RAM（32 位）或 2GB RAM（64 位）。
- **硬盘**：至少 16GB 可用硬盘空间（32 位）或 20GB 可用硬盘空间（64 位）。从 Windows 10 的 1903 版本开始，以后的版本至少应该有 32GB 可用硬盘空间，甚至更大（32 位和 64 位）。

● **显卡：** 支持 800px×600px 屏幕分辨率或更高，具有 WDDM 驱动程序的 DirectX 9 图形处理器。

三、任务实施

操作系统的位数与 CPU 的位数是同一概念，在 64 位 CPU 的计算机中需要安装 64 位的操作系统才能发挥其最佳性能（也可以安装 32 位操作系统，但 CPU 效能会大打折扣），而在 32 位 CPU 的计算机中，只能安装 32 位的操作系统。32 位与 64 位操作系统的安装操作基本一致，下面在计算机中通过 U 盘下载并安装 64 位 Windows 10 操作系统，具体操作步骤如下。

微课视频

安装 Windows 10
操作系统

（1）在另外一台计算机中打开 Microsoft 的官方网站，进入 Windows 10 操作系统的下载网页，单击"立即下载工具"按钮，如图 5-2 所示。

（2）将自动下载 Windows 操作系统的 U 盘安装程序，然后双击运行该安装程序。

（3）打开软件的"适用的声明和许可条款"窗口，查看软件的许可条款，然后单击"接受"按钮，如图 5-3 所示。

图 5-2 Windows 系统安装的官方下载网页

图 5-3 接受许可条款

（4）打开选择操作的窗口，单击选中"为另一台电脑创建安装介质（U 盘、DVD 或 ISO 文件）"单选项，单击"下一步"按钮，如图 5-4 所示。

（5）打开"选择语言、体系结构和版本"窗口，取消选中"对这台电脑使用推荐的选项"复选框，在"语言""版本""体系结构"下拉列表框中选择需要安装的操作系统设置，单击"下一步"按钮，如图 5-5 所示。

（6）打开"选择要使用的介质"窗口，单击选中"U 盘"单选项，单击"下一步"按钮，如图 5-6 所示。

（7）打开"选择 U 盘"窗口，在下面的"可移动驱动器"栏中选择 U 盘对应的盘符，单击"下一步"按钮，如图 5-7 所示。

（8）启动软件开始从网上下载 Windows 10 的安装程序，并将其储存到 U 盘中，将 U 盘创建为启动盘。

（9）完成后，在打开的窗口中显示 U 盘准备就绪，单击"完成"按钮，如图 5-8 所示，完成 Windows 10 操作系统的 U 盘启动和安装程序的制作工作。

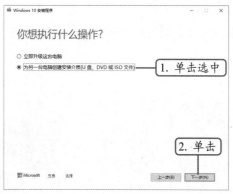

图 5-4　选择操作　　　　　　　　图 5-5　设置操作系统

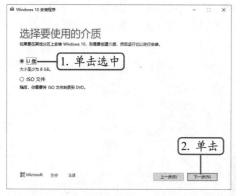

图 5-6　选择启动盘介质　　　　　　图 5-7　选择 U 盘

图 5-8　完成 U 盘安装操作系统

> **操作提示**　**使用 U 盘安装操作系统注意事项**
>
> 　　使用 U 盘安装 Windows 10 操作系统的本质就是利用一个空白 U 盘，从 Microsoft 的官方网站下载 Windows 10 的安装程序，并将 U 盘制作成启动盘。使用 U 盘安装 Windows 10 操作系统也是目前比较流行的系统安装方式，安装前需要用户准备一个 8GB 以上容量的空白 U 盘作为安装介质。

　　（10）将制作好启动和安装程序的 U 盘插入需要安装操作系统的计算机中，启动计算机后，将自动运行安装程序。这时对 U 盘进行检测，屏幕中显示安装程序正在加载安装需要的文件，如图 5-9 所示。

　　（11）文件复制完成后，将运行 Windows 10 的安装程序，在打开的窗口中进行设置，这里保持默认设置，单击"下一步"按钮，如图 5-10 所示。

图 5-9　载入光盘文件

图 5-10　设置系统语言

（12）在打开的对话框中单击"现在安装"按钮，安装 Windows 10，如图 5-11 所示。

（13）打开"选择要安装的操作系统"界面，在其中的列表框中选择要安装的操作系统的版本，单击"下一步"按钮，如图 5-12 所示。

图 5-11　开始安装

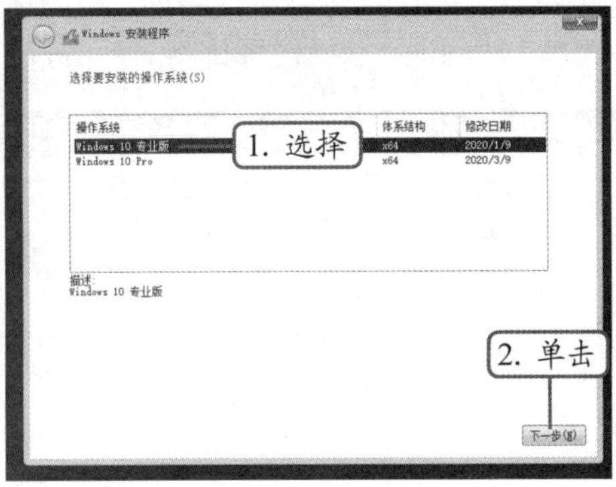

图 5-12　选择操作系统

（14）打开"适用的声明和许可条款"界面，单击选中"我接受许可条款"复选框，单击"下一步"按钮，如图 5-13 所示。

（15）打开"你想执行哪种类型的安装？"界面，单击相应的选项，如图 5-14 所示。

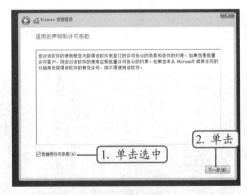

图 5-13　接受许可条款

图 5-14　选择安装类型

（16）在打开的"你想将 Windows 安装在哪里？"界面中选择安装 Windows 10 的磁盘分区，单击"下一步"按钮，如图 5-15 所示。

（17）此时打开"正在安装 Windows"界面，显示复制 Windows 文件和准备要安装的文件的状态，并用百分比的形式显示安装的进度，如图 5-16 所示。

图 5-15　选择安装分区

图 5-16　正在安装

（18）在安装复制文件的过程中会要求重启计算机，可以等 10s 后自动重启，也可以单击"立即重启"按钮直接重新启动计算机，如图 5-17 所示。

（19）Windows 10 操作系统将对系统进行设置，并准备设备，如图 5-18 所示。

图 5-17　继续安装

图 5-18　准备设备

（20）准备完成并自动重启计算机，将打开设置区域窗口，选择默认的选项，单击"是"按钮，如图 5-19 所示。

（21）在打开的"这种键盘布局是否合适"窗口中，选择一种输入法，完成后单击"是"按钮，如图 5-20 所示。

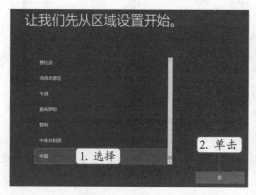

图 5-19　设置区域

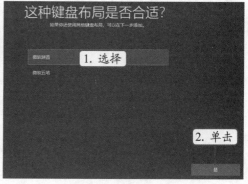

图 5-20　设置输入法

（22）继续打开"是否想要添加第二种键盘布局"窗口，通常可以直接单击"跳过"按钮，如图 5-21 所示。

（23）打开"谁将会使用这台电脑"窗口，在文本框中输入账户名称，单击"下一步"按钮，如图 5-22 所示。

图 5-21　继续设置输入法

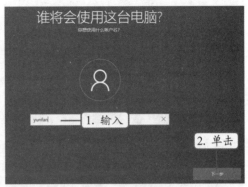

图 5-22　设置账户

（24）打开"创建容易记住的密码"窗口，在文本框中输入用户密码，单击"下一步"按钮，如图 5-23 所示。

（25）打开"确认你的密码"窗口，在文本框中再次输入用户密码，单击"下一步"按钮，如图 5-24 所示。

图 5-23　设置密码

图 5-24　确认密码

（26）打开"为此账户创建安全问题"窗口，在下拉列表框中选择一个安全问题，在下面的文本框中输入安全问题的答案，单击"下一步"按钮，如图 5-25 所示。

（27）继续打开创建安全问题的窗口，使用同样的方法继续选择另外一个安全问题，然后输入该安全问题的答案，单击"下一步"按钮；再次打开创建安全问题的窗口，再选择一个安全问题，并输入该安全问题的答案，单击"下一步"按钮，用户总共需要创建 3 个安全问题和答案。

（28）在打开的"在具有活动历史记录的设备上执行更多操作"窗口中可以设置向 Microsoft 发送活动记录，单击"是"按钮，如图 5-26 所示。

（29）打开"为你的设备选择隐私设置"窗口，设置各种隐私选项，单击"接受"按钮，如图 5-27 所示。

（30）继续安装系统，安装完成后，将显示 Windows 10 操作系统的系统桌面，完成

Windows 10 的安装，如图 5-28 所示。

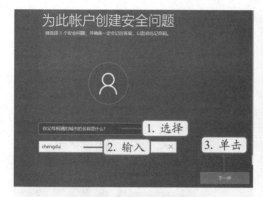

图 5-25　创建安全问题

图 5-26　发送活动记录

图 5-27　隐私设置

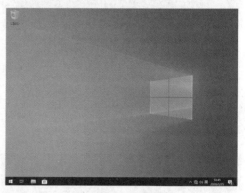

图 5-28　显示桌面

（31）单击"开始"按钮，在打开的开始菜单中选择"Windows 系统"选项，在打开菜单的"此电脑"选项上单击鼠标右键，在弹出的快捷菜单中选择"更多"命令，在弹出的子菜单中选择"属性"子命令，如图 5-29 所示。

（32）打开"系统"窗口，在"Windows 激活"栏中单击"激活 Windows"超链接，如图 5-30 所示。

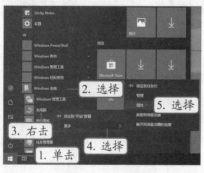

图 5-29　选择操作

图 5-30　激活 Windows

（33）打开"激活"窗口，单击"更改产品密钥"超链接，如图 5-31 所示。

（34）打开"输入产品密钥"对话框，在"产品密钥"文本框中输入产品密钥，单击"下一步"按钮，如图 5-32 所示。

操作系统的激活方式

激活 Windows 操作系统有两种方式，如果选择普通激活，则必须使计算机连接到 Internet，通过产品密钥激活；如果选择电话激活，则可在光盘包装盒的背面找到客服电话，致电客服代表，激活操作最好由计算机用户自行操作。

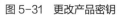

图 5-31　更改产品密钥

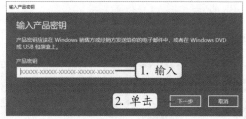

图 5-32　输入产品密钥

操作系统的产品密钥

操作系统的产品密钥就是软件的产品序列号，一般在安装光盘包装盒的背面。正版操作系统的安装光盘背面有一张黄色的不干胶贴纸，上面的 25 位数字和字母的组合就是产品密钥。

（35）打开"激活 Windows"提示框，单击"激活"按钮，如图 5-33 所示。

（36）Windows 操作系统将连接到互联网中激活系统，完成后返回"系统"窗口，在"Windows 激活"栏中显示"Windows 已激活"，如图 5-34 所示。

图 5-33　确认激活操作

图 5-34　完成操作系统激活

任务二　安装驱动程序

驱动程序是设备驱动程序（Device Driver）的简称，它其实是添加到操作系统中的一小段代码，其作用是给操作系统解释如何使用该硬件设备，其中包含有关硬件设备的信息。如果没有驱动程序，计算机中的硬件就无法正常工作。

一、任务目标

本任务将通过安装光盘和网上下载两种方式，讲解驱动程序的安装方式。通过本任务的学习，可以掌握计算机中各种硬件驱动程序的安装方法。

二、相关知识

在 Windows 10 操作系统桌面上的"此电脑"图标上单击鼠标右键，在弹出的快捷菜单中选择"属性"命令，打开"系统"窗口，在左侧的"控制面板主页"任务窗格中，单击"设备管理器"超链接，打开"设备管理器"窗口，可查看已经安装的硬件设备及驱动程序，如图 5-35 所示。

图 5-35　打开"设备管理器"窗口

（一）驱动安装光盘

在购买硬件设备时，在其包装盒内通常会附带一张安装光盘，通过该光盘可以安装硬件设备的驱动程序。用户需妥善保管驱动程序的安装光盘，方便以后重装系统时再次安装驱动程序。图 5-36 所示为主板包装盒中的安装光盘和说明书。

（二）网络下载驱动程序

网络已经成为人们工作和生活的一部分，在网络中可方便地获取各种资源，驱动程序也不例外，通过网络可查找和下载

图 5-36　驱动安装光盘和说明书

各种硬件设备的驱动程序。在网上主要可通过以下两种方式获取硬件的驱动程序。

- **访问硬件厂商的官方网站**：在硬件厂商的官方网站可以找到驱动程序的各种版本。
- **访问专业的驱动程序下载网站**：最著名的专业驱动程序下载网站是"驱动之家"，在该网站中几乎能找到所有硬件设备的驱动程序，并且有多个版本供用户选择。

（三）选择驱动程序的版本

同一个硬件设备的驱动程序在网上会有很多版本，如公版、非公版、加速版、测试版和WHQL 版等，用户可以根据需要及硬件的具体情况，下载不同的版本进行安装。

- **公版**：由硬件厂商开发的驱动程序，具有最大的兼容性，适合使用该硬件的所有产

品。例如，NVIDIA 官方网站的所有显卡驱动都属于公版。

● **非公版**：由硬件厂商为其生产的产品量身定做的驱动程序，这类驱动程序会根据具体硬件产品的功能进行改进，并加入一些调节硬件属性的工具，最大限度地提高该硬件产品的性能。这类驱动只有微星和华硕等知名大厂才具有实力开发。

● **加速版**：由硬件爱好者对公版驱动程序进行改进后产生的版本，其目的是使硬件设备的性能达到最佳，不过其兼容性和稳定性要低于公版和非公版驱动程序。

● **测试版**：硬件厂商在发布正式版驱动程序前，会提供测试版驱动程序供用户测试，这类驱动分为 Alpha 版和 Beta 版，其中 Alpha 版是厂商内部人员自行测试版本，Beta 版是公开测试版本。此类驱动程序的稳定性未知，适合喜欢尝新的用户。

● **WHQL 版**：WHQL（Windows Hardware Quality Labs，即 Windows 硬件质量实验室）主要负责测试硬件驱动程序的兼容性和稳定性，验证其是否能在 Windows 系列操作系统中稳定运行。WHQL 版的特点就是通过了 WHQL 认证，最大限度地保障操作系统和硬件稳定运行。

三、任务实施

（一）通过软件安装驱动程序

Windows 10 操作系统基本上自带了大部分硬件的驱动程序，普通用户安装 Windows 10 操作系统后，可以通过专门的驱动安装升级软件来安装和升级计算机的驱动程序。下面以 360 驱动大师为例，安装驱动程序，具体操作如下。

微课视频

通过软件安装驱动程序

（1）启动在计算机中安装的 360 驱动大师，软件将自动检测计算机硬件，找到需要安装和可以升级的驱动程序，并向用户提示，这里选择需要升级的声卡驱动程序，在其选项右侧单击"升级"按钮，如图 5-37 所示。

（2）开始备份已经安装的声卡驱动程序，然后下载最新的驱动程序进行安装。

（3）安装完成后，提示需要重新启动计算机才能使驱动生效，单击"重启启动"按钮，如图 5-38 所示，重新启动计算机后，即可完成声卡驱动程序的升级安装。

图 5-37　需要升级的驱动程序

图 5-38　重新启动计算机

（二）安装网上下载的驱动程序

网上下载的驱动程序通常保存在硬盘或 U 盘中，直接找到并启动其安装程序即可进行安装。下面以安装从网上下载的声卡驱动程序为例进行介绍，具体操作如下。

（1）在硬盘或 U 盘中找到下载的声卡驱动程序，双击安装程序，打开声卡驱动程序的安装界面，单击"下一步"按钮，如图 5-39 所示。

（2）驱动程序开始检测计算机的声卡设备，并显示进度，如图 5-40 所示。

微课视频
安装网上下载的驱动程序

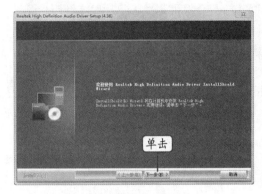

图 5-39　开始安装　　　　　　　　图 5-40　检测声卡

（3）检测完毕，开始安装声卡驱动程序，如图 5-41 所示。

（4）安装完成后，保持默认设置，单击"完成"按钮，如图 5-42 所示，重新启动计算机后，完成声卡驱动程序的安装操作。

图 5-41　安装声卡驱动　　　　　　　图 5-42　重启计算机

操作提示　　　　　　**驱动程序的安装文件**

　　从网上下载的安装文件通常为压缩文件，用户在安装时需找到启动安装文件的可执行文件，其名称一般为"setup.exe"或"install.exe"，有的则以软件名称命名。

任务三　安装与卸载常用软件

安装常用软件是组装计算机的最后一步，只有安装了软件，计算机才能进行各种操作，如安装 Office 软件进行文档制作和数据计算，安装 Photoshop 软件进行图形绘制和图像处理，安装 360 安全卫士软件进行系统维护和安全保证等。

一、任务目标

讲解安装与卸载常用软件的相关操作。通过本任务的学习，可以掌握计算机中各种软件的安装与卸载方法。

二、相关知识

安装常用软件前，需要了解一些基本知识，包括软件的获取和安装方式，以及软件的版本类型。

（一）获取和安装软件的方式

首先需要获取软件，然后通过各种方式来安装。

1. 软件的获取途径

获取常用软件的途径主要有两种，分别是从网上下载和购买安装光盘。

● **网上下载**：登录软件的官方网站，找到下载界面，下载这些安装文件即可。

● **购买安装光盘**：到正规的软件商店或网上购买正版的软件安装光盘，不但软件的质量有保证，而且能享受升级服务和技术支持，这对计算机的正常运行很有帮助。

2. 软件的安装方式

软件安装主要是指将软件安装到计算机中的过程，由于软件的获取途径主要有两种，所以其安装方式也主要包括通过向导安装和解压安装两种。

● **通过向导安装**：在软件专卖店购买的软件，均采用向导安装的方式进行安装。这种安装方式的特点是可运行相应的可执行文件启动安装向导，然后在安装向导的提示下安装。

● **解压安装**：在网络中下载的软件，由于网络传输速度方面的原因，一般都会制作成压缩包。这类软件使用解压缩软件解压到一个目录后，一些需要通过安装向导进行安装，另一些（如绿色软件）直接运行主程序就可启动软件。

（二）软件的版本

了解软件的版本有助于选择适合的软件，软件版本主要包括以下 4 种。

● **测试版**：软件的测试版表示软件还在开发中，其各项功能并不完善，也不稳定。开发者会根据使用测试版用户反馈的信息对软件进行修改，通常这类软件会在软件名称后面注明是测试版或 Beta 版。

● **试用版**：试用版是软件开发者将正式版软件有限制地提供给用户使用，如果用户觉得软件符合使用要求，可以通过付费的方法解除限制的版本。试用版又分为全功能限时版和功能限制版。

● **正式版**：正式版是正式上市，用户购买即可使用的版本，它经过开发者测试已经能稳定运行。对于普通用户来说，应该尽量选用正式版的软件。

● **升级版**：升级版是软件上市一段时间后，软件开发者在原有功能基础上增加部分功能，并修复已经发现的错误和漏洞，然后推出的更新版本。安装升级版需要先安装软件的正式版，然后在其基础上安装更新或补丁程序。

三、任务实施

（一）安装软件

软件的类型虽然很多，但其安装过程大致相似，下面以安装从网上下载的驱动人生软件为例，讲解安装软件的基本方法，具体操作如下。

（1）双击安装程序，打开程序的安装界面，单击选中"已阅读并同意许可协议"复选框，单击"自定义安装"超链接展开界面，在"安装目录"文本框中设置程序的安装位置，单击"立即安装"按钮，如图5-43所示。

（2）开始安装驱动人生软件，并显示进度，如图5-44所示。

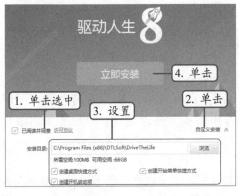

图5-43　安装设置

图5-44　显示安装进度

（3）安装完成后将给出提示，单击"立即启动"按钮，如图5-45所示。

（4）直接启动该软件，进入其操作界面，如图5-46所示。

图5-45　完成安装

图5-46　软件的操作界面

操作提示

安装软件的注意事项

最好将应用软件安装在非系统盘中，并统一安装在某一个文件夹中。另外，现在很多网上下载的软件都捆绑了一些其他软件，在安装时可以通过设置不安装这些附带的软件。

（二）卸载软件

用户在使用安装的应用软件后，若对其不满意或不需要再使用该应用软件，可以将其从计算机中卸载，以释放磁盘空间。卸载软件的操作通常都在"控制面板"窗口中进行。下面以卸载驱动人生软件为例介绍卸载软件的方法，具体操作如下。

微课视频

卸载软件

（1）在操作系统界面中单击"开始"按钮，在打开的开始菜单中选择"Windows 系统"命令，在打开的子菜单中选择"控制面板"子命令，如图 5-47 所示。

（2）打开"控制面板"窗口，在"程序"栏中单击"卸载程序"超链接，如图 5-48 所示。

图 5-47　打开开始菜单

图 5-48　选择操作

（3）打开"卸载或更改程序"界面，在列表框中选择"驱动人生"选项，单击"卸载"按钮，如图 5-49 所示。

（4）Windows 10 的用户账户控制程序要求用户确认卸载操作，在弹出的提示框中单击"是"按钮，打开"驱动人生–卸载"对话框，单击"卸载"按钮，如图 5-50 所示。

图 5-49　选择卸载的程序

图 5-50　卸载程序

（5）在打开的对话框中输入卸载的原因和设置卸载选项，单击"卸载"按钮，如图 5-51 所示。

（6）卸载完成后，单击"有缘再见"按钮，完成驱动人生软件的卸载操作，如图 5-52 所示。

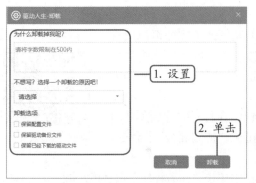

图 5-51　设置卸载选项　　　　　　　　　　　图 5-52　完成卸载

实训一　使用光盘安装 Windows 10 操作系统

【实训要求】

微课视频

光盘安装 Windows
10 操作系统

使用正版安装光盘和外接 USB 光驱为计算机安装 Windows 10 操作系统。

【实训思路】

将 USB 光驱连接到计算机，在 BIOS 中设置 USB 光驱启动，然后将安装光盘放入光驱，并使用光驱启动计算机和安装 Windows 10 操作系统，如图 5-53 所示。

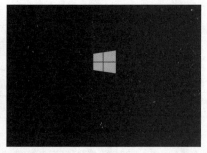

图 5-53　光盘安装 Windows 10 操作系统

【步骤提示】

（1）启动计算机，当出现自检画面时按【Delete】键。

（2）进入 UEFI BIOS 设置主界面，单击上面的"启动"按钮。

（3）打开"启动"界面，在"设定启动顺序优先级"栏中选择"启动选项 #1"选项。

（4）打开"启动选项 #1"对话框，选择"USB CD/DVD"选项。

（5）返回"启动"界面，单击上面的"保存并退出"按钮。

（6）打开"保存并退出"界面，在"保存并退出"栏中选择"储存变更并重新启动"选项。

（7）这时打开一个提示框，要求用户确认是否保存并重新启动，单击"是"按钮，完成计算机启动顺序的设置。

（8）将光驱连接到计算机，并将 Windows 10 安装光盘放入光驱。

（9）重新启动计算机后，自动运行安装程序，对安装光盘进行检测，屏幕中显示安装程序正在加载安装需要的文件。

（10）其后的具体操作与使用 U 盘安装 Windows 10 操作系统的步骤（11）开始的操作完全一致，这里不再赘述。

实训二 安装双操作系统

【实训要求】

在一台计算机中安装 Windows XP 和 Windows 10 两个操作系统，进一步熟悉安装操作系统的方法。

微课视频

安装双操作系统

【实训思路】

完成本实训主要包括安装Windows XP、设置安装第二个操作系统、安装 Windows 10 三大步操作，安装完成后即可看到双系统启动菜单，其操作思路如图 5-54 所示。

图 5-54 安装双操作系统思路

【步骤提示】

（1）在计算机中安装 Windows XP 操作系统，然后在 Windows XP 操作系统中打开"我的电脑"窗口，单击选择各个磁盘，在左侧下方可以查看磁盘的文件格式和可用空间大小，准备将 Windows 10 安装到最后一个分区。

（2）将 Windows 10 的安装光盘放入光驱，在打开的安装对话框中单击"现在安装"按钮，打开"获取安装的重要更新"对话框，单击"不获取最新安装更新"选项。

（3）打开"请阅读许可条款"对话框，单击选中"我接受许可条款"复选框，单击"下一步"按钮。

（4）打开"您想执行何种类型的安装？"对话框，选择"自定义：仅安装 Windows(高级)"选项，在打开的对话框中选择 Windows 10 安装的分区，最好是最后一个硬盘分区，单击"下一步"按钮。

（5）在打开的"正在安装 Windows"对话框中将显示安装进度，接下来开始正式安装Windows 10 操作系统，需要设置用户名、时间和密码等，用户只需按照安装向导提示操作即可。

（6）完成双系统的安装后重启计算机，在启动过程中将显示启动菜单，用户可以选择启动"早期版本的 Windows"，即 Windows XP，或选择启动 Windows 10。

课后练习

（1）分别尝试在台式机和笔记本电脑上安装 Windows 10 操作系统。

（2）在驱动之家网站的驱动中心网页中搜索并下载计算机中显卡的最新驱动程序，然后将下载的驱动程序安装到计算机上。

（3）在计算机中安装一个 QQ 通信软件和 Office 办公软件，熟悉安装软件的方法。

（4）在计算机上卸载一些软件，以节省更多的磁盘空间。

技能提升

1. 通过软件自带程序卸载

大部分应用软件本身提供了卸载功能，利用该功能只需在"开始"菜单的相应程序中选择"卸载"命令即可。由于该方法操作简单，因此是卸载软件的首选方法。其方法是单击"开始"按钮，在开始菜单中找到该程序对应的命令，选择"卸载"或"Uninstall"子命令，在打开的提示对话框中确认卸载操作即可开始卸载软件。通常在打开的"卸载状态"对话框中会显示卸载进度，完成后，在打开的提示对话框中将提示"某软件已成功删除"。

2. ADSL 连接上网

单击"开始"按钮，在打开的开始菜单中选择"Windows 系统"命令，在打开的子菜单中选择"控制面板"子命令，打开"控制面板"窗口，在"网络和 Internet"选项中单击"查看网络状态和任务"超链接，打开"网络和共享中心"窗口，在"更改网络设置"栏中单击"设置新的连接或网络"超链接，打开"设置连接或网络"对话框，在"选择一个连接选项"栏中选择"连接到 Internet"选项，单击"下一步"按钮，打开"您想如何连接"对话框，选择"宽带（PPPoE）"选项，打开"连接到 Internet"对话框，在"用户名"和"密码"文本框中输入 ADSL 宽带的对应信息，单击"连接"按钮，如图 5-55 所示，即可通过 ADSL 将计算机连接到互联网。

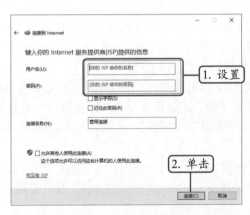

图5-55　ADSL连接上网

3. 无线上网

设置计算机无线上网，需要在计算机中安装无线网卡，且计算机处于无线网络的信号范围内（也就是通常所说的有 Wi-Fi）；然后单击"开始"按钮，在打开的开始菜单中选择"控制面板"命令，打开"控制面板"窗口；在"网络和 Internet"选项中单击"查看网络状态和任务"超链接，打开"网络和共享中心"窗口；在"更改网络设置"栏中单击"设置新的连接或网络"超链接，打开"设置连接或网络"对话框；在"选择一个连接选项"栏中选择"连接到 Internet"选项；单击"下一步"按钮，打开"您想如何连接"对话框；选择"无线"选项，计算机开始搜索无线网络，并在操作系统桌面右下角的通知栏中显示搜索到的无线网络；选择需要连接的无线网络，单击"连接"按钮，即可连接到 Internet；如果该无线网络设置了密码，则打开"键入网络安全密钥"对话框，在"安全密钥"文本框中输入密码，单击"确定"按钮，即可连接到 Internet。

4. 使用鲁大师检测计算机

鲁大师是一款专业的硬件检测软件，很多人都会使用鲁大师来检测计算机。下面使用鲁大师检测计算机的跑分，具体操作如下。

（1）在计算机中启动鲁大师软件，在其工作界面中单击"性能测试"选项卡。

（2）进入鲁大师的计算机性能测试页面，单击"开始评测"按钮。

（3）鲁大师开始对计算机的主要硬件进行检测，主要包括处理器、显卡、内存和磁盘，这个过程需要较长的时间，而且在检测过程中，显示器可能出现闪烁或停顿的现象。

（4）完成后，鲁大师将显示计算机的跑分结果，并单独显示各主要硬件的跑分，如图5-56所示。

图5-56　鲁大师测试结果展示

5. 操作系统的其他安装方式

除了全新安装方式外，操作系统的安装方式还包括升级安装、无人值守安装、克隆安装和多系统共存安装，它们的特点如下。

● **升级安装:** 升级安装是指将计算机中已安装的较低版本的操作系统升级为较高版本。例如，将 Windows XP 或 Windows 7 升级为 Windows 10，Windows XP 或 Windows 7 中的软件和设置信息将不会被删除，而且在升级后的 Windows 10 中仍可继续使用这些软件和设置信息。

● **无人值守安装：** 无人值守安装是指在安装操作系统时，不需要用户在计算机旁手动操作，整个安装过程由操作系统的安装程序自动完成。使用无人值守安装，需要先创建一个无人值守安装自动应答文件。

● **克隆安装:** 克隆安装是指使用工具软件将已经安装了操作系统的硬盘分区制作成一个镜像文件，安装操作系统时，将该镜像文件复制到相同的硬盘分区中即可。

● **多系统共存安装:** 多系统共存安装是指在计算机中已经存在一个操作系统的情况下，再安装另一个操作系统，使不同的操作系统共同存在，如 Windows XP 和 Windows 10 双系统。

项目六
构建虚拟计算机配装平台

情景导入

米拉：老洪，我在自己的计算机上练习了一天的各种软件的安装，可还需要练习各种操作系统的安装，但每次安装新的操作系统就需要格式化系统盘，太麻烦了。

老洪：这个问题好解决，你自己使用 VM 构建一个虚拟计算机就行了。

米拉：VM？虚拟计算机？

老洪：我现在就教你使用 VM 构建虚拟计算机配装平台的操作吧。

米拉：好啊！但你需要先告诉我 VM 是什么吧。

学习目标

● 认识虚拟机软件——VMware Workstation	● 熟练掌握 VM 中虚拟机的创建与配置
	● 熟练掌握在 VM 中安装操作系统

技能目标

● 加强对操作系统安装的认识和理解，能够熟练安装各种操作系统	● 掌握虚拟机软件的各种操作

素质目标

● 在学习中做好分类计划，合理规划时间，具备高效学习的能力

任务一　创建和配置虚拟机

　　VMware Workstation（简称 VM）是一款比较专业的虚拟机软件，它可以同时运行多个虚拟的操作系统，当需要在计算机中操作一些没有进行过的操作时，如重装系统、安装多系统或 BIOS 升级等，就可以使用 VW 模拟这些操作。VM 可以同时运行多个虚拟的操作系统，在软件测试等专业领域使用较多，该软件属于商业软件，普通用户需要付费购买。

一、任务目标

以 VM 为例，介绍创建虚拟机，并对其进行普通设置的相关操作。通过本任务的学习，可以掌握 VM 的基本操作，同时对虚拟机的功能有基本的认识。

二、相关知识

在进行各种操作前，应该学习 VM 的一些基本知识。

（一）VM 的基本概念

VM 的功能相当强大，应用也非常广泛，只要是涉及使用计算机的职业，都能派上用场，如教师、学生、程序员和编辑等，都可以利用它来解决工作上遇到的一些难题。在使用 VM 之前，需先了解相关的专有名词，下面分别对这些专有名词进行讲解。

- **虚拟机**：虚拟机是指通过软件模拟具有计算机系统功能，且运行在一个完全隔离的环境中的完整计算机系统。通过虚拟机软件，可以在一台物理计算机上模拟出一台或多台虚拟计算机，这些虚拟计算机（简称虚拟机）可以像真正的计算机一样工作，如可以安装操作系统和应用程序等。虚拟机只是运行在计算机上的一个应用程序，但对于虚拟机中运行的应用程序而言，可以得到与在真正的计算机中进行操作一致的结果。
- **主机**：主机是指运行虚拟机软件的物理计算机，即用户使用的计算机。
- **客户机系统**：客户机系统是指虚拟机中安装的操作系统，也称"客户操作系统"。
- **虚拟机硬盘**：由虚拟机在主机上创建的一个文件，其容量大小受主机硬盘的限制，即存放在虚拟机硬盘中的文件不能超过主机硬盘大小。
- **虚拟机内存**：虚拟机运行所需内存是由主机提供的一段物理内存，其容量不能超过主机的内存容量。

知识
补充

主板上集成的硬件

使用虚拟机软件，用户可以同时运行 Linux 各种发行版、Windows 各种版本、DOS 和 UNIX 等各种操作系统，甚至可以在同一台计算机中安装多个 Linux 发行版或多个 Windows 操作系统版本。在虚拟机的窗口上，模拟了多个按键，分别代表打开虚拟机电源、关闭虚拟机电源和 Reset 键等。这些按键的功能和计算机真实的按键一样，使用起来非常方便。

（二）VM 对系统和主机硬件的基本要求

虚拟机在主机中运行时，要占用部分系统资源，特别是对 CPU 和内存资源的使用较大。所以，运行 VM 需要主机的操作系统和硬件配置达到一定的要求，这样才不会因运行虚拟机而影响系统的运行速度。

1. VM 能够安装的操作系统

VM 几乎能够支持所有操作系统的安装。

- **Microsoft Windows**：从 Windows 3.1 一直到最新的 Windows 7/8/10。
- **Linux**：各种 Linux 版本，从 Linux 2.2.x 核心到 Linux 2.6.x 核心。
- **Novell NetWare**：Novell NetWare 5 和 Novell NetWare 6。

- **Sun Solaris**：Solaris 8、Solaris 9、Solaris 10 和 Solaris 11 64bit。
- **VMware ESX**：VMware ESX/ESXi 4 和 VMware ESXi 5。
- **其他操作系统**：MS-DOS、eComStation、eComStation 2、FreeBSD 等。

2. VM 对主机硬件的要求

在 VM 中安装不同的操作系统对主机硬件的要求也不同，表 6-1 列出了安装最常见操作系统对硬件配置的要求。

表 6-1　VM 对主机硬件的要求

操作系统版本	主机磁盘剩余空间	主机内存容量
Windows XP	至少 40GB	至少 512MB
Windows Vista	至少 40GB	至少 1GB
Windows 7/8/10	至少 60GB	

（三）VM 热键

热键就是自身或与其他按键组合能够起到特殊作用的按键，VM 中的热键默认为【Ctrl】键。在虚拟机运行过程中，【Ctrl】键与其他键组合能实现的功能如下。

- 【Ctrl+B】组合键：开机。
- 【Ctrl+E】组合键：关机。
- 【Ctrl+R】组合键：重启。
- 【Ctrl+Z】组合键：挂起。
- 【Ctrl+N】组合键：新建一个虚拟机。
- 【Ctrl+O】组合键：打开一个虚拟机。
- 【Ctrl+F4】组合键：关闭所选择虚拟机的概要或控制视图。如果打开了虚拟机，则出现一个确认对话框。
- 【Ctrl+D】组合键：编辑虚拟机配置。
- 【Ctrl+G】组合键：为虚拟机捕获鼠标和键盘焦点。
- 【Ctrl+P】组合键：编辑参数。
- 【Ctrl+Alt+Enter】组合键：进入全屏模式。
- 【Ctrl+Alt】组合键：返回正常（窗口）模式。
- 【Ctrl+Alt+Tab】组合键：当鼠标和键盘焦点在虚拟机中时，在打开的虚拟机中切换。
- 【Ctrl+Shift+Tab】组合键：当鼠标和键盘焦点不在虚拟机中时，在打开的虚拟机中切换。前提是 VM 应用程序必须在活动应用状态上。

（四）设置虚拟机

虚拟机创建完成后，需要对其进行简单配置，如新建虚拟硬盘，设置内存的大小及设置显卡和声卡等虚拟设备，但 VM 通常在创建虚拟机时就已经完成设置了，用户可以对这些设置进行修改。打开 VM 主界面窗口，在创建的虚拟机选项卡中，单击"编辑虚拟机设置"超链接，打开"虚拟机设置"对话框，在其中可对虚拟机进行相关的设置，如图 6-1 所示。

图 6-1　虚拟机设置

三、任务实施

（一）创建虚拟机

微课视频

创建虚拟机

在 VM 的官方网站可以下载最新版本的软件，将其安装到计算机中后，就可以创建和使用虚拟机了。下面以创建一个 Windows 10 操作系统的虚拟机为例进行讲解，具体操作如下。

（1）启动 VMware Workstation，打开主界面，单击"创建新的虚拟机"按钮，如图 6-2 所示。

（2）打开"新建虚拟机向导"对话框，在其中选择配置的类型，这里单击选中"典型"单选项；单击"下一步"按钮，如图 6-3 所示。

图 6-2　创建新的虚拟机

图 6-3　选择配置类型

（3）打开"安装客户机操作系统"对话框，单击选中"安装程序光盘映像文件（iso）"单选项；单击"浏览"按钮，如图 6-4 所示。

（4）打开"浏览 ISO 映像"对话框，选择操作系统的安装映像文件，这里选择一个从网上下载的 Windows 10 的映像文件；单击"打开"按钮，如图 6-5 所示。

（5）返回"安装客户机操作系统"对话框，单击"下一步"按钮，如图 6-6 所示。

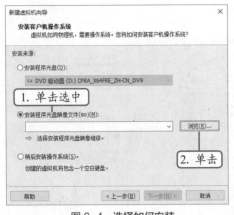

图 6-4　选择如何安装　　　　　　　　图 6-5　选择映像文件

（6）打开"选择客户机操作系统"对话框，在"客户机操作系统"栏中单击选中需要创建的虚拟机的操作系统，这里单击选中"Microsoft Windows"单选项；在"版本"栏的下拉列表框中选择该操作系统的版本，这里选择"Windows 10 ×64"选项；单击"下一步"按钮，如图 6-7 所示。

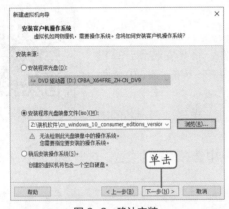
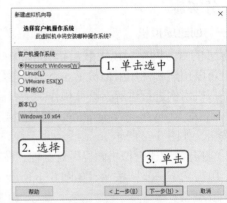

图 6-6　确认安装　　　　　　　　　　图 6-7　设置虚拟机

（7）打开"命名虚拟机"对话框，在"虚拟机名称"和"位置"文本框中分别输入新建虚拟机的名称和保存位置；单击"下一步"按钮，如图 6-8 所示。

（8）打开"指定磁盘容量"对话框，在"最大磁盘大小"数值框中输入创建虚拟机的磁盘大小，这里输入"60.0"；单击选中"将虚拟磁盘存储为单个文件"单选项；单击"下一步"按钮，如图 6-9 所示。

（9）打开"已准备好创建虚拟机"对话框，单击"完成"按钮，如图 6-10 所示。

（10）VM 开始创建虚拟机，创建完成后，在 VM 主界面窗口左侧的"库"任务窗格中可以看到创建好的虚拟机，在中间窗格的"设备"栏中可查看该虚拟机的相关信息，在右侧窗格中可以查看虚拟机的详细信息，如图 6-11 所示。

（二）设置虚拟机

下面以设置 U 盘启动虚拟机为例进行讲解，具体操作如下。

（1）将 U 盘连接到计算机中，启动 VMware Workstation，选择创建好的 Windows 10 虚拟机，单击左上角的"编辑虚拟机设置"超链接，如图 6-12 所示。

微课视频

设置虚拟机

图 6-8　设置保存位置

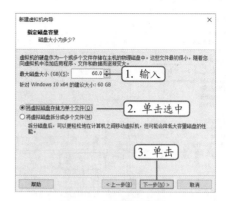

图 6-9　指定磁盘容量

图 6-10　准备创建

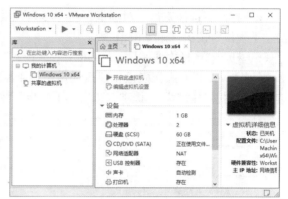

图 6-11　创建好的虚拟机

（2）打开"虚拟机设置"对话框，单击"硬件"选项卡，再单击"添加"按钮，如图 6-13 所示。

图 6-12　选择操作

图 6-13　单击"添加"按钮

（3）打开添加硬件向导的"硬件类型"对话框，在"硬件类型"列表框中选择"硬盘"选项，单击"下一步"按钮，如图 6-14 所示。

（4）打开"选择磁盘类型"对话框，在"虚拟磁盘类型"栏中单击选中"IDE"单选项，单击"下一步"按钮，如图 6-15 所示。

图 6-14　选择硬件类型　　　　　　　　　　图 6-15　选择磁盘类型

（5）打开"选择磁盘"对话框，在"磁盘"栏中单击选中"使用物理磁盘"单选项，单击"下一步"按钮，如图 6-16 所示。

（6）打开"选择物理磁盘"对话框，在"设备"下拉列表框中选择 U 盘对应的选项（通常 PhysicalDrive0 代表虚拟硬盘，U 盘通常是最下面的一个选项），在"使用情况"栏中单击选中"使用整个磁盘"单选项，单击"下一步"按钮，如图 6-17 所示。

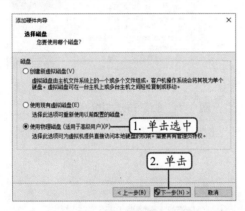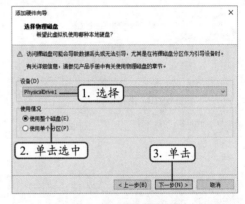

图 6-16　选择磁盘　　　　　　　　　　图 6-17　选择物理磁盘

（7）打开"指定磁盘文件"对话框，在其中设置磁盘文件的保存位置，通常保持默认设置，单击"完成"按钮，如图 6-18 所示。

（8）返回"虚拟机设置"对话框，可看到新建的设备"新硬盘（IDE）"，单击"确定"按钮，如图 6-19 所示。

（9）返回该 Windows 10 虚拟机的主界面，在左侧的"设备"任务窗格中可以看到创建好的硬盘设备，单击左上角的"开启此虚拟机"超链接，如图 6-20 所示。

（10）VM 开始启动虚拟机，当进入图 6-21 所示的界面时，按【F2】键，或直接选择【虚拟机】/【电源】/【打开电源时进入固件】菜单命令，如图 6-22 所示。

（11）进入虚拟机的 BIOS 设置界面，按【↑】或【↓】键，选择 U 盘对应的选项，然后按【Enter】键，如图 6-23 所示，VMware Workstation 将重新通过 U 盘启动。

图 6-18　指定磁盘文件

图 6-19　完成设置

图 6-20　启动虚拟机

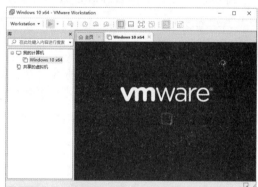

图 6-21　进入 BIOS

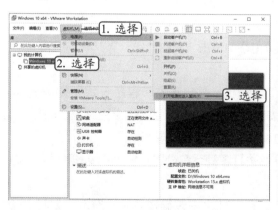

图 6-22　选择操作

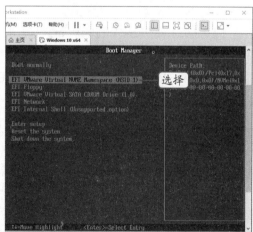

图 6-23　选择 U 盘启动

操作
提示
VM 设置 U 盘启动的注意事项

在 VM 中进入 BIOS 时，除了按【F2】键外，应该首先将鼠标光标定位到 VM 启动的虚拟机中，否则可能无法进入 BIOS。另外，在 BIOS 中选择启动的 U 盘时，可能存在多个 U 盘启动项，如 VMware Virtual SCSI Hard Drive（0:0）和 VMware Virtual IDE Hard Drive（0:0）等。

（12）当 U 盘中有启动程序时，即可开始启动计算机。

任务二　在VM中安装Windows 10

在 VM 中安装操作系统的操作与在计算机中安装操作系统基本相同，只在一些处理方式上稍微有差别，如为了方便，可能只划分一个分区。

一、任务目标

练习在 VM 中安装 Windows 10 操作系统。通过本任务的学习，可以掌握在虚拟机中安装操作系统的方法。

二、相关知识

VM 是虚拟机，自然可以同时运行两个或两个以上的操作系统，但需要注意的是，计算机的内存容量要同时满足在 VM 中安装多个操作系统和计算机自身操作系统的需要，否则计算机的系统资源占用率将非常高，甚至影响计算机的正常运行。

三、任务实施

在 VM 中安装操作系统的操作与在计算机中安装操作系统基本相同，不同之处在于可以通过 ISO 文件直接启动虚拟机并直接安装。下面通过 Windows 10 的 64 位 ISO 文件安装操作系统，具体操作如下。

微课视频

在 VM 中安装
Windows 10

（1）启动 VMware Workstation，打开其主界面，在左侧的"库"任务窗格中展开"我的计算机"选项，选择"Windows 10 x64"选项；在右侧的"Windows 10 x64"选项卡中间的任务窗格中单击"开启此虚拟机"选项。

（2）VM 将启动刚才创建的 Windows 10 虚拟机，并启动安装程序开始安装 Windows 10，包括选择版本、复制 Windows 文件、准备安装的文件、安装功能和安装更新等，如图 6-24 所示。在安装过程中，VM 将按照安装程序的设置自动重新启动虚拟机。

（3）完成 Windows 10 的设备安装后，开始进行各种系统设置，包括区域、账号、密码、安全、个人隐私和网络等，如图 6-25 所示。

（4）进入 Windows 10 的操作界面，完成在 VM 中安装操作系统的操作，如图 6-26 所示。

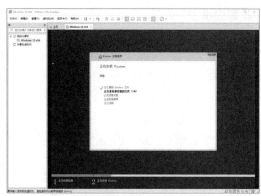

图 6-24　安装 Windows 10

图 6-25　设置计算机区域

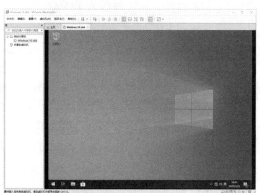

图 6-26　完成安装

实训　利用 VM 安装 Windows 7

【实训要求】

利用 VM 安装 Windows 7 操作系统，既练习了 VM 新建虚拟机的操作，又练习了安装操作系统的操作。

【实训思路】

完成本实训包括新建虚拟机和安装操作系统两大步操作，其操作思路如图 6-27 所示。

微 课 视 频

利用 VM 安装
Windows 7

① 新建虚拟机

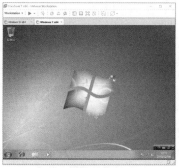

② 安装操作系统

图 6-27　用 VM 安装 Windows 7 的操作思路

【步骤提示】

（1）将 Windows 7 的安装光盘放入计算机光驱，启动 VM，新建一个虚拟机。

（2）按照向导提示进行操作，打开"客户机操作系统安装"对话框，选择如何安装操作系统时，单击选中"安装盘"单选项，选择光盘中的安装文件，其他操作和安装其他 Windows 操作系统大致相同。

（3）创建好虚拟机后，开始启动电源，安装 Windows 7 操作系统，在安装过程中，可以对虚拟硬盘进行分区和格式化操作，相关操作在前面的章节中进行了介绍。

课后练习

（1）下载并安装最新版本的 VM。

（2）利用 VM 创建 Windows 7、Windows 8 和 Windows 10 这 3 个虚拟机。

（3）为新建的 3 个虚拟机安装对应的操作系统。

技能提升

1. 目前流行的虚拟机软件

目前流行的虚拟机软件有 VMware Workstation、Microsoft Virtual PC 和 OracleVirtual Box，它们都能在 Windows 系统上虚拟多个计算机。

- **Microsoft Virtual PC**：该软件是一款由 Microsoft 公司开发、支持多个操作系统的虚拟机软件，具有功能强大和使用方便的特点，主要应用于重装系统、安装多系统、BIOS 升级等，该软件的缺点是升级较慢，无法跟上操作系统的更新步伐。

- **Oracle VM VirtualBox**：该软件是一款功能强大的虚拟机软件，具备虚拟机的所有功能，且操作简单、完全免费、升级速度快，非常适合普通用户使用。

2. VM 使用中的常见问题

在使用 VM 过程中有一些常见问题需要注意。

- **如何使用中文版**：可以从网上下载汉化程序，然后将这些汉化文件全部复制到 VM 的安装文件夹中，替换以前的文件即可。

- **设置通过路由器上网**：打开虚拟机的网络连接设置，即在"虚拟机设置"对话框中选择"网络适配器"选项，在右侧的"网络连接"栏中单击选中"桥接"单选项，只要路由器打开了 DHCP 和 DNS 服务器，建好的虚拟机系统就能直接上网了。

- **使用物理计算机中的文件夹**：可以设置共享文件夹，在虚拟机中打开"虚拟机设置"对话框，单击"选项"选项卡，在左侧的列表框中选择"共享文件夹"选项，在右侧的"文件夹共享"栏中单击选中"总是启用"单选项，单击"添加"按钮，在打开的"添加共享文件夹向导"对话框的提示下，选择需要共享的文件夹，完成向导的操作，如图 6-28 所示。

- **VM 的上网方式**：VM 虚拟机有 6 种上网的方式：主机拨号上网，虚拟机拨号上网；主机拨号上网，虚拟机通过主机共享上网；主机拨号上网，虚拟机使用 VMware 内置的 NAT 服务共享上网；主机直接上网，虚拟机直接上网；主机直接上网，虚拟机通过主机共享上网；主机直接上网，虚拟机使用 VMware 内置的 NAT 服务共享上网。通常安装好虚拟机后，VM 会自动连接到主机的网络共享上网，如果不能上网，则需要用户自己选择一种上网方式，此时只需要在 VM 主界面中选择需要上网的虚拟机，单击"编辑虚拟机设置"超链接，打开"虚拟机设置"对话框，在左侧的列表框中选择"网络适配器"选项，在右侧的"网络连接"栏中选择一种上网方式即可，如图 6-29 所示。目前最常用的是 NAT 模式和自定义的 VMnet 模式。

图 6-28　VM 共享物理文件夹

图 6-29　VM 共享上网方式

项目七
备份与优化操作系统

情景导入

米拉：老洪，我的计算机出问题了。我现在去技术部拿安装光盘重装系统。

老洪：这样安装系统太费时间了，你自己做一个系统镜像吧，这样可以节约不少安装时间。

米拉：系统镜像？这个我不会。

老洪：就是做个系统备份，这个简单，等会儿我教你就行了。

米拉：好的，我又可以学到新的知识了。

老洪：对了，你的计算机经常出问题，我顺便教你优化操作系统的方法，把计算机优化一下，提高系统的性能吧。

米拉：好吧，我们开始吧。

学习目标

- 熟练掌握利用 Ghost 备份和还原系统的操作
- 熟练掌握注册表备份与还原的操作
- 熟练掌握操作系统优化的相关操作

技能目标

- 掌握系统备份和还原的常用操作，能通过该操作排除一些系统故障
- 通过优化计算机提高计算机的性能

素质目标

- 培养严谨认真的科学精神和创新能力，不断树立职业自信

任务一　利用 Ghost 备份操作系统

对计算机操作系统进行备份的目的是在计算机出现重大系统故障时，能够迅速将操作系统还原到故障前的状态，提高计算机的使用效率。

一、任务目标

练习利用 Ghost 备份和还原操作系统。通过本任务的学习，可以掌握操作系统备份和还原的相关知识。

二、相关知识

Ghost 是一款专业的系统备份和还原软件，使用它可以将某个磁盘分区或整个硬盘上的内容完全镜像复制到另外的磁盘分区和硬盘上，或压缩为一个镜像文件。使用 Ghost 备份与恢复系统通常都在 DOS 状态中进行操作。

Ghost 功能强大、使用方便，但多数版本只能在 DOS 下运行，Windows PE 操作系统也自带了 Ghost 软件，通过 U 盘启动计算机后，即可利用 Ghost 备份系统。

三、任务实施

（一）制作 Ghost 镜像文件

制作 Ghost 镜像文件就是备份操作系统，下面通过 U 盘启动盘中自带的 Ghost 来备份操作系统，具体操作如下。

（1）使用 U 盘启动计算机，在菜单界面中按【↓】键，选择"【3】运行 Ghost 备份恢复工具"选项，按【Enter】键。

（2）在打开的选择 Ghost 版本的界面中保持默认设置，按【Enter】键，如图 7-1 所示。

（3）在打开的 Ghost 主界面中显示了软件的基本信息，单击"OK"按钮，如图 7-2 所示。

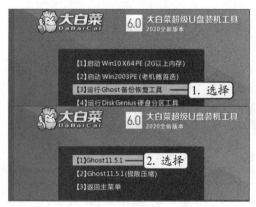

图 7-1　选择 Ghost 版本

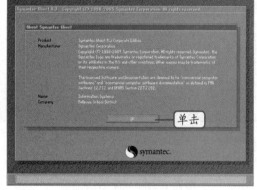

图 7-2　Ghost 主界面

（4）在打开的 Ghost 界面中选择【Local】/【Partition】/【To Image】命令，如图 7-3 所示。

（5）在打开的对话框中选择硬盘（在有多个硬盘的情况下需慎重选择），这里直接单击"OK"按钮，如图 7-4 所示。

（6）在打开的对话框中选择要备份的分区，通常应选择第 1 分区；单击"OK"按钮，如图 7-5 所示。

（7）在打开的对话框的"Look in"下拉列表框中选择 E 盘，如图 7-6 所示。

（8）在"File name"文本框中输入镜像文件的名称"WIN10"；单击"Save"按钮，如图 7-7 所示。

（9）在打开的对话框中选择压缩方式，这里单击"High"按钮，如图 7-8 所示。

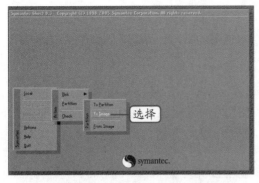

图 7-3　选择"To Image"命令

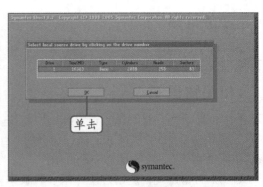

图 7-4　选择硬盘

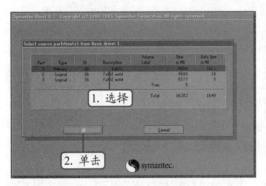

图 7-5　选择备份的分区

图 7-6　选择保存位置

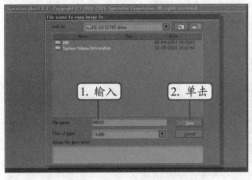

图 7-7　输入镜像文件的名称

图 7-8　选择压缩方式

（10）打开的对话框中询问是否确认要创建镜像文件，这里单击"Yes"按钮，如图 7-9 所示。

（11）Ghost 开始备份第 1 分区，并显示备份进度等相关信息，如图 7-10 所示。

（12）备份完成后，将打开一个对话框提示备份成功，单击"Continue"按钮，返回 Ghost 主界面即可完成系统备份，如图 7-11 所示。

操作提示

使用键盘操作 Ghost

Ghost 也可以使用键盘操作，其中，【Tab】键主要用于在界面中的各个项目间切换，当按【Tab】键激活某个项目后，该项目将呈高亮显示状态，按【Enter】键可确认该项目的操作。

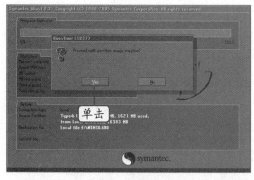

图 7-9　确认操作　　　　　　　　　　图 7-10　开始备份

图 7-11　完成备份

（二）还原操作系统

当操作系统无法正常工作时，可以使用 Ghost 从备份的镜像文件中快速恢复系统。下面使用 Ghost 还原操作系统，具体操作如下。

（1）利用 U 盘启动 Ghost，在打开的 Ghost 主界面中单击"OK"按钮，如图 7-12 所示。

（2）选择【Local】/【Partition】/【From Image】命令，如图 7-13 所示。

微课视频

还原操作系统

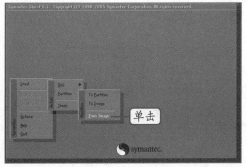

图 7-12　进入 Ghost 主界面　　　　　图 7-13　选择"From Image"命令

（3）在打开的对话框中选择备份的镜像文件"WIN10.GHO"；单击"Open"按钮，如图 7-14 所示。

（4）在打开的对话框中显示了该镜像文件的大小及类型等相关信息，单击"OK"按钮，如图 7-15 所示。

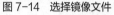

图 7-14　选择镜像文件

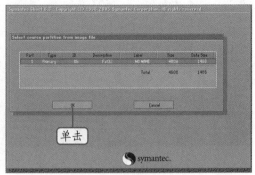

图 7-15　查看文件信息

（5）在打开的对话框中选择需要恢复到的硬盘，这里只有一个硬盘，单击"OK"按钮，如图 7-16 所示。

（6）在打开的对话框中选择需要恢复到的磁盘分区，这里选择恢复到第 1 分区；单击"OK"按钮，如图 7-17 所示。

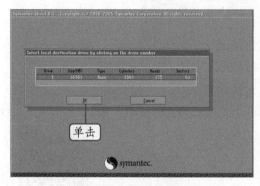

图 7-16　选择还原的硬盘

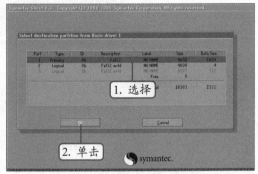

图 7-17　选择还原的分区

知识补充

Windows 10 系统备份和还原功能

　　Windows 10 操作系统也提供了系统备份和还原功能，利用该功能可以直接将各硬盘分区中的数据备份到一个隐藏的文件夹中作为还原点，以便在计算机出现问题时，快速将各硬盘分区还原至备份前的状态。但这个功能有一个缺陷，就是在 Windows 操作系统无法启动时，无法还原系统。同时由于该功能要占用大量的磁盘空间，所以磁盘空间有限的用户可以关闭该功能。

（7）在打开的对话框中询问是否确定恢复，单击"Yes"按钮，如图 7-18 所示。

（8）此时 Ghost 开始将该镜像文件恢复到系统盘，并显示恢复速度、进度和时间等信息，恢复完毕，在打开的对话框中单击"Reset Computer"按钮，重新启动计算机，完成还原操作，如图 7-19 所示。

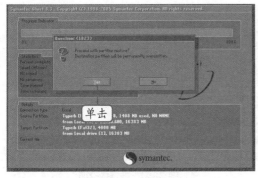

图 7-18　确认还原

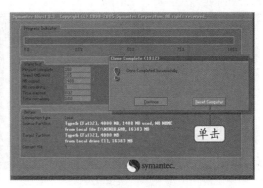

图 7-19　完成还原

任务二　备份与还原注册表

注册表是 Windows 操作系统的一个核心数据库，其中存放着直接控制系统启动、硬件驱动程序的装载、一些应用程序运行的参数，在整个系统中起着核心作用。

一、任务目标

使用 Windows 操作系统的注册表编辑器程序（regedit.exe）对注册表进行备份和还原操作。通过本任务的学习，可以掌握注册表备份与还原的相关知识。

二、相关知识

注册表编辑器程序（regedit.exe）的主要功能是管理 Windows 操作系统的注册表，Windows 操作系统的注册表实质上是一个庞大的数据库，它存储的内容包括：软、硬件的有关配置和状态信息，应用程序和资源管理器外壳的初始条件、首选项和卸载数据；计算机整个系统的设置和各种许可，文件扩展名与应用程序的关联，硬件的描述、状态和属性；计算机性能记录和底层的系统状态信息，以及各类其他数据。此外，Windows 优化大师和 360 安全卫士等系统安全软件也具有注册表备份功能。

三、任务实施

（一）备份注册表

下面利用注册表编辑器程序（regedit.exe）备份注册表，具体操作如下。

（1）单击"开始"按钮，在打开的开始菜单中选择"Windows 系统"命令，在打开的子菜单中选择"运行"子命令；打开"运行"对话框，在"打开"下拉列表框中输入"regedit"文本，单击"确定"按钮，如图 7-20 所示。

（2）打开"注册表编辑器"窗口，在左侧的任务窗格中选择需要备份的注册表项，这里选择"HKEY_CLASSES_ROOT"选项，如图 7-21 所示。

（3）选择【文件】/【导出】菜单命令，如图 7-22 所示。

（4）打开"导出注册表文件"对话框，选择注册表备份文件的保存位置；在"文件名"文本框中输入备份文件的名称，这里输入"root"文本；单击"保存"按钮，如图 7-23 所示。

（5）Windows 10 操作系统将按照前面的设置对注册表的"HKEY_CLASSES_ROOT"选项进行备份，并将其保存为".reg"文件，在设置的保存文件夹中可以看到该"root.reg"文件。

微课视频

备份注册表

145

图 7-20 选择操作

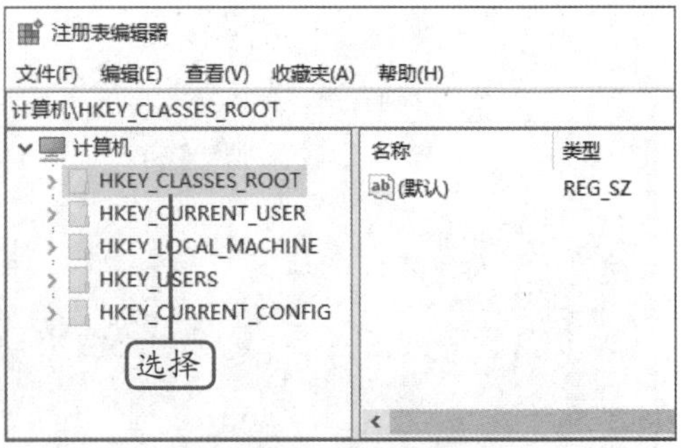

图 7-21 选择备份项

图 7-22 选择备份操作

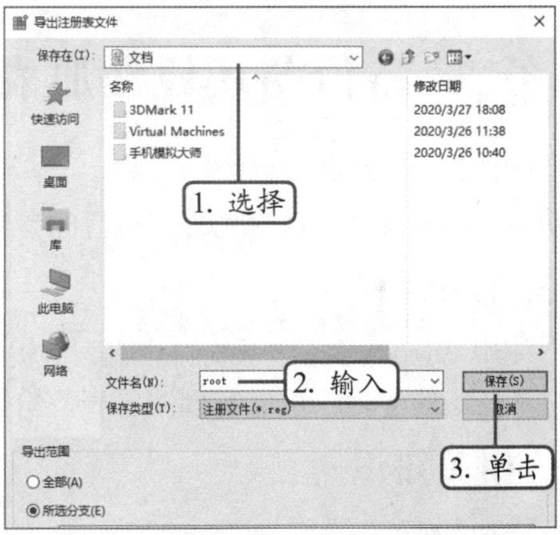

图 7-23 设置备份的保存位置和文件名

（二）还原注册表

当需要恢复注册表时，还可以使用注册表编辑器程序（regedit.exe）还原注册表，具体操作如下。

（1）打开"注册表编辑器"窗口，选择【文件】/【导入】菜单命令，如图 7-24 所示。

（2）打开"导入注册表文件"对话框，选择已经备份的注册表文件，这里选择"root"文件选项；单击"打开"按钮，如图 7-25 所示。

微课视频

还原注册表

图 7-24 选择操作

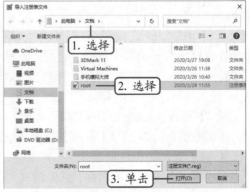

图 7-25 选择已备份的注册表文件

（3）Windows 10 操作系统开始还原注册表文件，并显示进度，如图 7-26 所示。

图 7-26　还原注册表

任务三　优化操作系统

优化操作系统主要是对 Windows 的一些设置不当的项目进行修改，以加快运行速度，最基本的就是清理垃圾文件、优化系统启动项、加快系统关机速度等。

一、任务目标

学习对 Windows 10 操作系统进行优化设置的基本知识，主要包括优化关机速度和使用 Windows 优化大师对系统进行优化等相关操作。

二、相关知识

手动优化系统就是清理操作系统中的各种"垃圾"，并通过设置达到维护计算机的目的。其主要的操作包括卸载不常用的程序、清理垃圾文件、移动临时文件夹、优化开机速度等。

- **卸载不常用的程序**：几乎所有程序的默认安装路径都是"C:\Program Files"，如果都这样安装，就会占用操作系统很多的可用空间。即使安装在其他磁盘分区中，也会在注册表中写入很多的信息，同样也会占用操作系统的可用空间。所以，在进行优化时，可以将不常用的程序卸载，以释放出可用的磁盘空间。

- **清理垃圾文件**：在计算机使用一段时间后，系统中会生成各种各样的"垃圾"文件，这些文件主要是安装程序产生的临时文件，它们对计算机已经没有作用了，其存在只会影响计算机的运行效率。临时文件包括临时文件（如 *.tmp、*._mp）、临时备份文件（如 *.bak、*.old、*.syd）、临时帮助文件（如 *.gid）、安装临时文件（如 mscreate.dir）、磁盘检查数据文件（如 *.chk）以及其他文件（如 *.dir 文件、*.dmp 文件、*.nch 文件）等。

- **移动临时文件夹**：临时文件随时都在产生，也不可能做到随时删除。有一个最好的办法就是在进行操作系统维护时，将这个临时文件夹移动到其他硬盘分区中，这样既不影响操作系统，也可以定时清理。

- **优化开机速度**：某些软件在安装之后会默认随操作系统的启动自动运行（病毒程序和恶意破坏程序也是），使操作系统启动的速度变慢，用户可以在"系统配置"对话框中设置相关选项，关闭这些程序的自动运行，加快操作系统启动的速度。

三、任务实施

（一）清理垃圾文件

下面删除"C:\Windows\Temp"文件夹中的垃圾文件，具体操作如下。

（1）打开"C:\Windows\Temp"文件夹，选择全部的文件，单击鼠标右键，在弹出的快捷菜单中选择"删除"命令，如图7-27所示。

（2）系统开始删除文件，并显示删除进度，完成后可看到"C:\Windows\Temp"文件夹中没有一个文件，如图7-28所示。

微课视频

清理垃圾文件

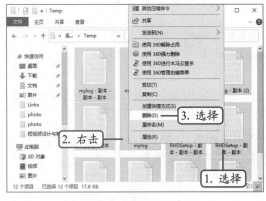

图7-27 选择"删除"命令

图7-28 删除后的文件夹

（二）设置内核

Windows 10操作系统默认设置使用一个处理器启动，现在市面上多数的计算机都是多核处理器，可以设置内核来提高操作系统的启动速度，具体操作如下。

（1）按【Win+R】组合键，打开"运行"对话框，在"打开"下拉列表框中输入"msconfig"，单击"确定"按钮，如图7-29所示。

（2）打开"系统配置"对话框，单击"引导"选项卡，再单击"高级选项"按钮，如图7-30所示。

微课视频

设置内核

图7-29 输入程序名称

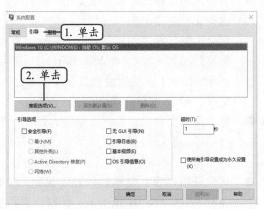

图7-30 "系统配置"对话框

（3）打开"引导高级选项"对话框，单击选中"处理器个数"复选框，在下面的下拉列表框中设置最大的处理器数，这里设置为"2"，然后单击选中"最大内存"复选框，在下面的数值框中输入最大内存的值，这里设置为"4028"，单击"确定"按钮，如图 7-31 所示。

（4）返回"系统配置"对话框，单击"确定"按钮，打开"系统配置"提示框，要求重新启动计算机以应用设置，单击"重新启动"按钮，如图 7-32 所示。

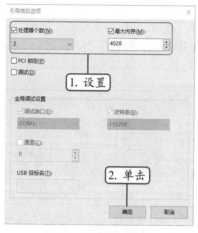

图 7-31 设置内核

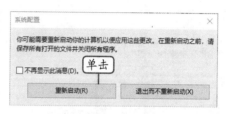

图 7-32 重启计算机

（三）优化系统启动项

用户在使用计算机的过程中，会不断安装各种应用程序，而其中的一些程序会默认加入系统启动项中，如一些播放器程序、聊天工具等，但这对于部分用户来说并非必要，反而容易造成计算机开机缓慢。在 Windows 10 操作系统中，用户可以设置相关选项关闭这些自动运行的程序，加快操作系统启动的速度，具体操作如下。

（1）单击"开始"按钮，在打开的开始菜单中选择"Windows 系统"命令，在打开的子菜单中选择"任务管理器"子命令，如图 7-33 所示。

（2）打开"任务管理器"对话框，单击"启动"选项卡，在列表框中列出了随系统启动自动运行的程序，选择不需要启动的程序，单击"禁用"按钮，如图 7-34 所示。

图 7-33 选择任务管理器

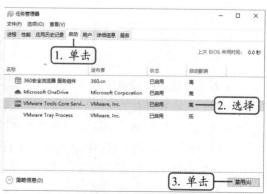

图 7-34 设置启动项

（四）加快系统关机速度

虽然 Windows 10 操作系统的关机速度已经比之前的 Windows 操作系统快很多，但稍微修改一下注册表可以使关机更迅速，具体操作如下。

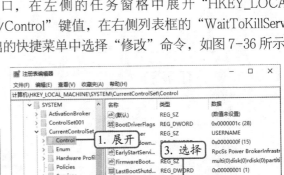

微课视频
加快系统关机速度

（1）按【Win+R】组合键，打开"运行"对话框，在"打开"下拉列表框中输入"regedit"文本，单击"确定"按钮，如图7-35所示。

（2）打开"注册表编辑器"窗口，在左侧的任务窗格中展开"HKEY_LOCAL_MACHINE/SYSTEM/CurrentControlSet/Control"键值，在右侧列表框的"WaitToKillServiceTimeout"选项上单击鼠标右键，在弹出的快捷菜单中选择"修改"命令，如图7-36所示。

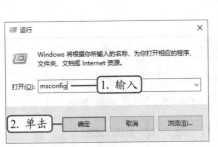

图7-35 输入程序名称

图7-36 选择键值

（3）打开"编辑字符串"对话框，在"数值数据"文本框中输入"2000"数值文本，单击"确定"按钮，如图7-37所示。

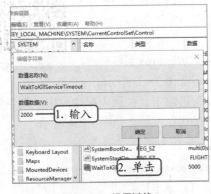

图7-37 设置键值

知识提示

Windows 10 关机速度

代表 Windows 10 操作系统默认关机速度的"Wait ToKillService Timeout"字符串的数值是"12000"（代表12s），可以将其设置为"7000""5000"或更小的值，加快关机速度。

（五）优化系统服务

Windows 操作系统启动时，系统自动加载了很多在系统和网络中发挥着很大作用的服务，但这些服务并不都适合用户，因此有必要将一些不需要的服务关闭以节约内存资源，加快计算机的启动速度。另外，优化系统服务的主动权应该掌握在用户自己手中，因为每个系统服务的使用需要依个人实际使用情况来决定。下面关闭系统搜索索引服务（Windows Search），具体操作如下。

微课视频
优化系统服务

（1）单击"开始"按钮，在打开的开始菜单中选择"Windows 管理工具"命令，在打开的子菜单中选择"服务"子命令，如图 7-38 所示。

（2）打开"服务"窗口，在右侧的"服务"列表框中选择"Windows Search"选项，单击"停止"超链接，如图 7-39 所示。

图 7-38　选择"服务"命令

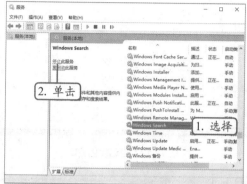

图 7-39　选择操作

（3）Windows 系统开始停止该项服务，并显示进度，如图 7-40 所示。

（4）停止服务后，只有单击"启动"超链接才能重新启动该服务，如图 7-41 所示。

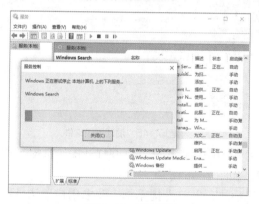

图 7-40　停止服务

图 7-41　重新启动该服务

（六）使用 Windows 优化大师优化操作系统

Windows 操作系统的许多默认设置并不是最优设置，使用一段时间后难免会出现系统性能下降、频繁出现故障等情况，这时需要使用专业的操作系统优化软件对系统进行优化与维护，如 Windows 优化大师。下面使用 Windows 优化大师中的自动优化功能优化操作系统，具体操作如下。

微课视频

使用 Windows 优化
大师优化操作系统

（1）启动 Windows 优化大师，软件自动进入一键优化窗口，单击"一键优化"按钮，如图 7-42 所示。

（2）Windows 优化大师开始自动优化系统，并在窗口下面显示优化进度，如图 7-43 所示。

（3）优化完成后，在窗口下面的进度条中显示"完成"一键优化"操作"，然后单击"一键清理"按钮，如图 7-44 所示。

（4）Windows 优化大师首先开始清理系统垃圾，准备待分析的目录，如图 7-45 所示。

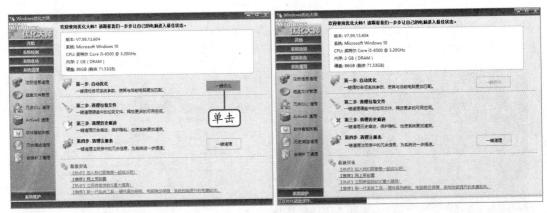

图 7-42　自动优化窗口　　　　　　　　图 7-43　一键优化

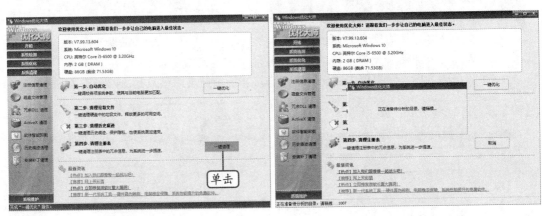

图 7-44　一键清理　　　　　　　　图 7-45　清理垃圾文件

（5）扫描系统垃圾后，Windows 优化大师开始删除垃圾文件，并打开提示框提示用户关闭其他正在运行的程序，单击"确定"按钮，如图 7-46 所示。

（6）Windows 优化大师开始清理历史记录痕迹，并打开提示框，要求用户确认是否删除历史记录痕迹，单击"确定"按钮，如图 7-47 所示。

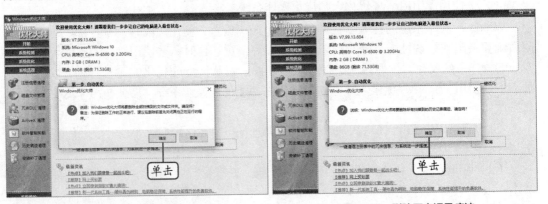

图 7-46　关闭其他正在运行的程序　　　　　　图 7-47　删除历史记录痕迹

（7）Windows 优化大师开始清理注册表，并打开提示框，要求用户对注册表进行备份，由于前面已经对注册表进行过备份，所以这里单击"否"按钮，如图 7-48 所示。

（8）Windows 优化大师打开提示框，提示用户是否删除扫描到的注册表信息，单击"确定"按钮，如图 7-49 所示。

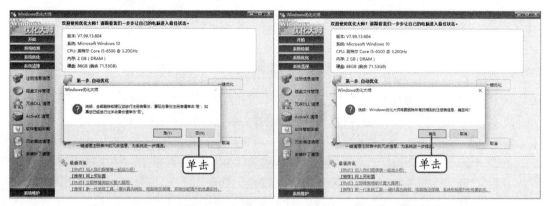

图 7-48　提示备份注册表　　　　　　图 7-49　清理注册表信息

（9）Windows 优化大师完成计算机的所有化操作后，将在操作界面下侧显示"完成'一键清理'操作"，单击"关闭"按钮，弹出提示框，要求用户重新启动计算机使设置生效，单击"确定"按钮，如图 7-50 所示。

图 7-50　完成优化

实训一　在操作系统中备份与还原

【实训要求】

利用 Windows 10 操作系统自带的系统备份与还原功能，对操作系统进行备份和还原，既学习了利用还原点备份和还原操作系统的相关操作，又进一步加深了对备份和还原操作系统的认识。

【实训思路】

完成本实训主要包括创建备份和利用备份还原操作系统两大步操作，其操作思路如图 7-51 所示。

微课视频
在操作系统中备份与还原

① 备份系统　　　　　　　　　　② 还原系统

图 7-51　备份和还原操作系统的操作思路

【步骤提示】

（1）单击"开始"按钮，在打开的菜单中选择【Windows 系统】/【控制面板】命令。

（2）打开"控制面板"窗口，在"系统和安全"选项中单击"备份和还原"超链接。

（3）打开"备份和还原"窗口，单击"立即备份"按钮。

（4）在打开的对话框中设置备份的位置和内容，单击"确定"按钮开始进行系统备份，等待一段时间后即可完成系统备份。

（5）需要还原操作系统时，用同样的方法打开"备份和还原"窗口，在"还原"栏中单击"选择其他用来还原文件的备份"超链接。

（6）打开"还原文件"对话框，选择备份的文件，单击"下一步"按钮。

（7）在打开的对话框中单击选中"选择此备份中的所有文件"复选框，单击"下一步"按钮。

（8）在打开的对话框中设置还原文件的位置，单击"还原"按钮即可还原操作系统。

实训二　通过360安全卫士优化操作系统

【实训要求】

在计算机中安装360安全卫士后，可以通过该软件优化操作系统。通过本实训进一步加深优化操作系统的印象，学习优化操作系统的相关操作。

【实训思路】

完成本实训主要包括扫描和优化两大步操作，其操作思路如图 7-52 所示。

微课视频

通过 360 安全卫士
优化操作系统

①开始扫描　　　　　　　　　　②优化系统

图 7-52　通过 360 安全卫士优化操作系统的操作思路

【步骤提示】

（1）启动 360 安全卫士，在工作界面中单击"优化加速"选项卡。

（2）打开 360 安全卫士的"优化加速"界面，单击"全面加速"按钮，360 安全卫士开始对操作系统进行优化扫描。

（3）扫描完成后，显示可以优化的项目，单击"立即优化"按钮。

（4）开始对操作系统进行优化，完成后关闭 360 安全卫士即可。

课后练习

（1）按照本项目所讲的知识，在自己的计算机中，减少开机启动的程序。

（2）在自己的计算机中关闭多余的系统服务。

（3）使用 Windows 优化大师的自动优化功能优化自己的计算机。

（4）在自己的计算机中，清理"C:\Documents and Settings\User\Local Settings\Temp"文件夹中的垃圾文件。

（5）按照本项目所讲的知识，对计算机的注册表进行备份。

（6）使用 Ghost 对系统盘进行备份。

技能提升

1. 关闭多余的服务

Windows 10 操作系统提供的大量服务虽然占据了许多系统内存，而且很多用户也完全用不上，但考虑到大多数用户并不明白每一项服务的含义，所以不能随便进行优化。如果用户完全明白某服务项的作用，就可以打开服务项管理窗口逐项检查，关闭其中的一些服务来提高操作系统的性能。下面介绍 Windows 操作系统中常见的可以关闭的服务项。

● ClipBook：该服务允许网络中的其他用户浏览本机的文件夹。

● Print Spooler：打印机后台处理程序。

● Error Reporting Service：系统服务和程序在非正常环境下运行时发送错误报告。

● Net Logon：网络注册功能，用于处理注册信息等网络安全功能。

● NT LM Security Support Provider：为网络提供安全保护。

● Remote Desktop Help Session Manager：用于网络中的远程通信。

● Remote Registry：使网络中的远程用户能修改本地计算机中的注册表设置。

● Task Scheduler：使用户能在计算机中配置和制定自动任务的日程。

● Uninterruptible Power Supply：用于管理用户的 UPS。

2. 使用 EasyRecovery 恢复数据

计算机中经常有数据被误删除，这时可能需要使用数据恢复软件。EasyRecovery 是一款可以恢复硬盘中被删除的数据的软件，其操作方法为：启动软件，在左侧列表中选择"数据恢复"选项，在右侧窗格中单击"删除恢复"按钮；在打开的"数据恢复 – 删除恢复"界面中的磁盘列表框中选择要扫描的磁盘分区，在"文件过滤器"中选择要扫描的文件类型，进入下一步操作；此时软件将根据所做的设置对指定磁盘分区进行扫描，在打开的"正在扫描文件"对话框中显示扫描进度和结果；扫描完成后，EasyRecovery 软件将在左侧的列表框中列出当前驱动器中的文件夹列表；选择要恢复的文件所在的文件夹，在右侧窗格中将显示可的以恢复的文件；进入下一步操作，在打开的对话框中的"恢复目标选项"栏中单击选中"恢复至本地驱动器"单选项，打开"浏览文件夹"对话框，指定文件保存位置，确认操作后，软件将开始恢复指定文件；完成后，在打开的对话框中显示恢复结果，完成恢复操作，即可在保存目录查看已恢复的文件。

3. 系统还原的注意事项

在进行系统还原前，应注意以下两点：一是要还原系统，硬盘至少要有 200MB 以上的可用空间；二是在创建还原点时，只是备份 Windows 10 的系统配置，并没有删除程序的功能。也就是说，当安装了一个有问题的程序，导致 Windows 10 出现问题后，可以用系统还原功能将系统配置还原到未安装该程序的状态，但该程序的文件仍然保留在用户的硬盘中，必须手动将文件删除。

4. Windows 10 操作系统创建自动还原点

Windows 10 操作系统创建自动还原点主要有以下情况：Windows 10 安装完成后的第一次启动；通过 Windows Update 安装软件；当 Windows 10 连续开机时间达到 24 小时，或关机时间超过 24 小时再开机时；软件的安装程序运用了 Windows 10 提供的系统还原技术；当在安装未经微软签署认可的驱动程序时；当利用制作备份程序还原文件和设置时；当运行还原命令，要将系统还原到以前的某个还原点时。

5. 常用的数据恢复软件

对于普通计算机用户而言，目前有六大常用的数据恢复软件可以用来恢复数据，使用这些软件也能提高数据恢复的成功率。

● EasyRecovery：它是世界著名数据恢复公司 Ontrack 的技术杰作，是一个功能非常强大的硬盘数据恢复工具，能够恢复丢失的数据以及重建文件系统。无论是因为误删除，还是格式化，甚至是硬盘分区丢失导致的文件丢失，EasyRecovery 都可以很轻松地恢复。

● FinalData：FinalData 数据恢复软件能够恢复完全删除的文件和目录，也可以对数据盘中的主引导扇区和 FAT 表损坏丢失的数据进行恢复，还可以恢复一些病毒破坏的数据文件。

● R-Studio：R-Studio 是一款强大的撤销删除与数据恢复软件，它有面向恢复文件的最为全面的数据恢复解决方案，适用于各种数据分区。可恢复严重毁损或未知的文件系统，以及恢复已格式化、毁损或删除的文件分区的数据。

● WinHex：WinHex 是专门用来解决各种日常紧急情况的工具软件。它可以用来检查和修复各种文件、恢复删除文件、恢复硬盘损坏造成的数据丢失等。同时它还可以让用户看到其他程序隐藏起来的文件和数据。

● DiskGenius：DiskGenius 是一款具备基本的分区建立、删除、格式化等磁盘管理功能的硬盘分区软件，同时，它也是一款数据恢复软件，提供了强大的已丢失分区搜索功能，误删除文件恢复、误格式化及分区被破坏后的文件恢复功能，分区镜像备份与还原功能，分区复制、硬盘复制功能，快速分区功能，整数分区功能，分区表错误检查与修复功能，坏道检测与修复功能。

● Fixmbr：Fixmbr 主要用于解决硬盘无法引导的问题，具有重建主引导扇区的功能。Fixmbr 重建主引导扇区的功能适用于只修改主引导扇区，对其他扇区不进行操作的情况。

项目八
维护计算机

情景导入

老洪：米拉，工程部送来了几台旧的计算机，你把它们拆卸了，做一下日常维护。

米拉：日常维护？

老洪：就是清理一下灰尘，查看接口有没有氧化等。

米拉：原来如此，这么简单。

老洪：对了，维护好后，再对计算机进行查杀病毒、修复系统漏洞、防御黑客的基本操作。

米拉：这些我只听说过，但还没有实际操作过。

老洪：那好，我说的这些其实就是维护计算机的基本操作，今天我就给你介绍关于这方面的知识吧。

米拉：好的，我们马上开始。

学习目标

- 熟练掌握计算机日常维护的基本操作
- 熟练掌握计算机各种硬件的日常维护操作

- 了解计算机病毒和系统漏洞，掌握查杀病毒和修复漏洞的基本操作
- 了解黑客的相关知识，并掌握防御黑客的基本操作

技能目标

- 掌握计算机日常维护的各种操作
- 掌握利用软、硬件维护计算机的各种操作

- 掌握计算机安全维护的各种操作
- 保证计算机能够正常工作，不受到各种外部威胁

素质目标

- 培养理解沟通能力，以互利互惠、互相成就的心态面对社会，共建和谐社会

任务一　日常维护计算机

我们日常生活中接触到的各种机器，在使用过程中都会有磨损，一旦磨损过大，就容易导致故障，所以需要日常的保养与维护。而计算机也是一种机器，并且计算机的组成部件较多，出现故障的概率较大，因此更加需要日常维护。

一、任务目标

学习日常维护计算机的相关知识，主要学习通过软件维护计算机和对计算机硬件进行维护两个方面的操作。通过本任务的学习，可以掌握日常维护计算机的相关操作。

二、相关知识

日常维护计算机主要包括软件维护和硬件维护两个方面，下面介绍相关知识。

（一）维护计算机的目的

现今计算机已成为不可缺少的工具，而且随着信息技术的发展，计算机在实际使用中开始面临越来越多的系统维护和管理问题，如硬件故障、软件故障、病毒防范和系统升级等，如果不能及时有效地处理这些问题，就会给正常工作和生活带来不良的影响。为此，需要全面地对计算机系统进行维护，以较低的成本换来较为稳定的系统性能，保证日常工作正常进行。

（二）计算机对工作环境的要求

计算机对工作环境有较高的要求，长期工作在恶劣的环境中很容易使计算机出现故障。对于计算机的工作环境，主要有以下6点要求。

- **做好防静电工作**：静电可能造成计算机中的各种芯片损坏，为防止静电造成的损害，在打开机箱前，应当用手接触暖气管或水管等可以放电的物体，将身体的静电放掉后再接触计算机的部件。另外，在安装计算机时，将机壳用导线接地，也可起到很好的防静电效果。

- **预防震动和噪声**：震动和噪声会造成计算机内部元件损坏，因此不能在震动和噪声很大的环境中使用计算机。如果确实需要将其放置在震动和噪声大的环境中，应考虑安装防震和隔音设备。

- **小心过高的工作温度**：计算机应工作在20℃~25℃的环境中，过高的温度会使计算机无法散出工作时产生的热量，这样轻则缩短使用寿命，重则烧毁芯片。因此，最好在放置计算机的房间安装空调，以保证计算机正常运行时所需的环境温度。

- **小心过高的工作湿度**：计算机在工作状态下应保持通风良好，湿度不能过高，否则主机内的线路板容易腐蚀，使板卡过早老化。

- **防止灰尘过多**：由于计算机的各部件非常精密，如果在较多灰尘的环境中工作，就可能堵塞计算机的各种接口，使其不能正常工作。因此，不要将计算机置于灰尘过多的环境中，如果不能避免，应做好防尘工作。另外，最好每月清理一次机箱内部的灰尘，做好计算机的清洁工作，以保证计算机正常运行。

- **保证计算机的工作电压稳定**：电压不稳容易对计算机的电路和部件造成损害，由于市电供应存在高峰期和低谷期，电压经常波动，特别是在离城镇比较远的地区，在这样的环境下，最好配备稳压器，以保证计算机正常工作所需的稳定电源。另外，如果突然停电，则有可能造成计算机的内部数据丢失，严重时还会造成系统不能启动等故障，因此，要想保护计算机的电源，推荐配备一个小型的家用UPS

（Uninterruptible Power Supply，即不间断电源供应设备），以保证计算机正常使用，如图 8-1 所示。

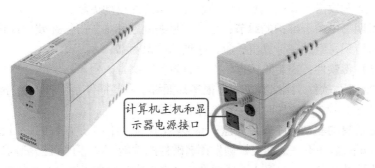

计算机主机和显
示器电源接口

图 8-1　家用 UPS

（三）摆放计算机

计算机的摆放位置也比较重要，在计算机的日常维护中，应该注意以下 3 点。

- 主机的摆放应当平稳，并保留必要的工作空间，用于放置磁盘、光盘等常用配件。
- 要调整好显示器的高度，位置应保持显示器上边与视线基本平行，太高或太低都容易使操作者疲劳。图 8-2（b）所示为显示器的正确摆放位置。

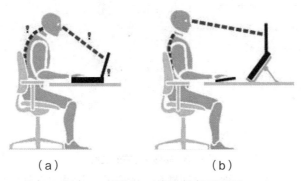

（a）　　　　　　　　　　（b）

图 8-2　错误和正确的显示器摆放位置

- 当计算机停止工作时，最好能盖上防尘罩，防止灰尘对计算机的侵蚀。但在计算机正常使用的情况下，一定要取下防尘罩，以保证散热。

（四）维护软件的相关事项

软件故障在计算机故障中所占比例很大，特别是频繁地安装和卸载软件，会产生大量的垃圾文件，降低计算机的运行速度，因此软件也需经常维护。操作系统的优化也可以看作维护计算机软件的一个方面，软件维护还包括以下 11 个方面的内容。

- **系统盘问题**：安装操作系统时，系统盘分区不要太小，否则需要经常对 C 盘进行清理。除了必要的程序以外，其他的软件尽量不要安装在系统盘内。系统盘的文件格式应尽可能选择 NTFS 格式。
- **注意杀毒软件和播放器**：很多计算机出现故障都是因为软件冲突，需要特别注意的是杀毒软件和播放器，一个系统安装两个以上的杀毒软件可能会造成系统运行缓慢，甚至死机、蓝屏等。此外大部分播放器安装好后会在后台形成加速进程，两个或两个以上播放器会造成互抢宽带、网速过慢等问题，计算机配置不好时，还有可能死机等。

- **设置好自动更新**：自动更新可以为计算机的许多漏洞打上补丁，也可以避免病毒利用系统漏洞攻击计算机，所以应该设置好系统的自动更新。
- **阅读说明书中关于维护的章节**：很多常见的问题和维护方法在硬件或软件的说明书中都有标识，组装完计算机后应该仔细阅读说明书。
- **安装防病毒软件**：安装防病毒软件可有效预防病毒入侵。
- **辨别"流氓"软件**：网络共享软件很多都捆绑了一些插件（通常称为"流氓"软件），初学者在安装这类软件时应注意选择和辨别。
- **保存好所有的驱动程序安装光盘**：原装驱动程序可能不是最好的，但通常是最适用的。最新的驱动不一定能更好地发挥老硬件的性能，因此不宜过分追求最新的驱动。
- **转移重要的文件夹**：很多人（特别是初学者）习惯将文件保存在系统默认的文档里，这里建议将默认文档的存放路径转移到非系统盘。具体方法如下，在 Windows 10 操作系统工作界面的任务栏左侧单击"文件资源管理器"按钮，打开"文件资源管理器"窗口，在右侧列表框的"文档"文件夹上单击鼠标右键，在弹出的快捷菜单中选择"属性"命令，打开"文档 属性"对话框，单击"位置"选项卡，再单击"移动"按钮，打开"选择一个目标"窗口，在其中设置新的存放路径，然后单击"选择文件夹"按钮，如图 8-3 所示，即可完成文件夹的转移操作。

图 8-3　转移文件夹的位置

- **每周维护**：清除垃圾文件、整理硬盘里的文件、用杀毒软件深度查杀一次病毒，都是计算机日常维护的主要工作。此外，还需每月运行一次硬盘查错。
- **清理回收站中的垃圾文件**：定期清空回收站释放系统空间，或直接按【Shift+Delete】组合键完全删除文件。
- **注意清理系统桌面**：操作系统桌面上不宜存放太多东西，以免影响计算机的运行和启动速度。

三、任务实施

（一）维护 CPU

日常维护 CPU 主要包括用好硅脂、正确安装和保证良好的散热等，其方法如下。

- **用好硅脂**：硅脂要涂于 CPU 表面内核上，薄薄的一层即可，过量使用有可能会渗漏到 CPU 表面接口处。硅脂在使用一段时间后会干燥，这时可以除净后再重新涂上硅脂。
- **正确安装**：CPU 和散热风扇安装过紧，可能导致 CPU 的针脚或触点被压损，因此在安装 CPU 和散热风扇时，应该注意用力要均匀，压力也要适中。

● **保证良好的散热**：CPU 的正常工作温度为 50℃以下，具体工作温度根据不同 CPU 的主频而定。CPU 风扇散热片质量要好，最好带有测速功能，这样可与主板监控功能配合监测风扇的工作情况。图 8-4 所示为鲁大师软件监控计算机各种硬件的温度情况，包括 CPU 温度和风扇转速。另外，散热片的底层以厚为佳，这样有利于主动散热，保障机箱内外的空气流通。

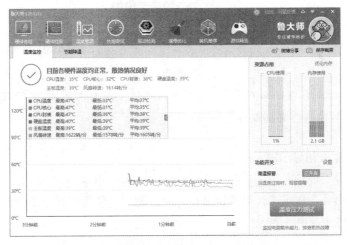

图 8-4　硬件温度监测

（二）维护主板

主板几乎连接了计算机的所有硬件，做好主板的维护既可以保证计算机正常运行，还可以延长计算机的使用寿命。日常维护主板主要有以下 3 点要求。

● **防范高压**：停电时应立刻拔掉主机电源，避免突然来电时，产生的瞬间高压烧毁主板。

● **防范灰尘**：清理灰尘是主板最重要的日常维护，清理时可以使用比较柔软的毛刷清除主板上的灰尘，平时使用时，不要将机箱盖打开，降低灰尘积聚在主板中的概率。

● **最好不要带电拔插**：除了支持即插即用的设备外（即使是这种设备，最好也要减少带电拔插的次数），在计算机运行时，禁止带电拔插各种控制板卡和连接电缆，因为在拔插瞬间产生的静电放电和信号电压不匹配等现象容易损坏芯片。

（三）维护硬盘

硬盘存储了所有的计算机数据，其日常维护应该注意以下 5 项。

● **正确开关计算机电源**：硬盘处于工作状态时（读或写盘时），尽量不要强行关闭主机电源，因为硬盘在读写过程中突然断电，容易造成硬盘物理性损伤或丢失各种数据等，尤其是正在进行高级格式化时。

● **工作时一定要防震**：必须将计算机放置在平稳、无震动的工作平台上，尤其是在硬盘处于工作状态时，要尽量避免移动硬盘，此外在计算机启动或关机过程中，也不要移动硬盘。

● **保证硬盘的散热**：硬盘温度直接影响其工作的稳定性和使用寿命，硬盘在工作中的温度以 20℃ ~ 25℃为宜。

● **不能私自拆卸硬盘**：拆卸硬盘需要在无尘的环境下进行，因为如果灰尘进入了硬盘内部，那么磁头组件在高速旋转时，可能带动灰尘将盘片划伤或将磁头自身损坏，这时势必会导致数据丢失，硬盘也极有可能损坏。

● **最好不要压缩硬盘**：不要使用 Windows 操作系统自带的"磁盘空间管理"进行硬盘压缩，因为压缩之后，硬盘读写数据的速度会大大减慢，而且读写次数也会因此减少。这会对硬盘的发热量和稳定性产生影响，还可能缩短硬盘的使用寿命。

> **知识补充**
>
> **内存的日常维护**
>
> 内存也需要日常维护，首先，它是计算机中比较"娇贵"的部件，尤其静电对其伤害最大，因此在插拔内存时，一定要先释放自身的静电。在计算机的使用过程中，绝对不能对内存进行插拔，否则会出现烧毁内存甚至烧毁主板的危险。其次，安装内存时，应首选和 CPU 插槽接近的插槽，因为内存被 CPU 风扇带出的灰尘污染后可以清洁，而插座被污染后极不易清洁。

（四）维护显卡和显示器

散热一直是显卡使用时最主要的问题，由于显卡的发热量较大，因此要注意散热风扇是否正常转动及散热片与显示芯片是否接触良好等。通常需要拆卸显卡的散热器，进行除尘、涂抹硅脂和添加风扇润滑油等操作。

显示器主要使用的是液晶显示器，其日常维护应该注意以下两点。

● **保持工作环境干燥**：启动显示器后，水分会腐蚀显示器的液晶电极，最好准备一些干燥剂（药店有售），或干净的软布，随时保持显示屏干燥。如果水分已经进入显示器里面，就需要将其放置到干燥的地方，让水分慢慢蒸发。

● **避免一些挥发性化学药剂的危害**：无论是何种显示器，液体对其都有一定的危害，特别是化学药剂，其中又以具有挥发性的化学药剂对液晶显示器的侵害最大。例如，经常使用的发胶、夏天频繁使用的灭蚊剂等，都会对液晶分子乃至整个显示器造成损坏，从而导致显示器使用寿命缩短。

（五）维护机箱和电源

机箱是计算机主机的保护罩，其本身就有很强的自我保护能力。在使用时需注意摆放平稳，同时需要保持其表面与内部的清洁。机箱和电源的维护主要包括以下3点。

● **保证机箱散热**：使用计算机时，不要在机箱附近堆放杂物，以保证空气畅通，使主机工作时产生的热量能够及时散出。

● **保证电源散热**：如发现电源的风扇停止工作，必须切断电源，防止电源烧毁甚至造成其他更大的损坏。另外，要定期（3~6个月一次）检查电源风扇是否正常工作。

● **注意电源除尘**：电源在长时间工作中，会积累很多灰尘，造成散热不良。同时灰尘过多，在潮湿的环境中也会造成电路短路，因此为了系统能正常稳定地工作，电源应定期除尘。在使用一年左右时，最好打开电源，用毛刷清除内部的灰尘，同时为电源风扇添加润滑油。

（六）维护鼠标

鼠标要防止灰尘、强光、拉曳，内部沾上灰尘会使鼠标机械部件运作不灵，强光会干扰光电管接收信号等。因此，鼠标的日常维护主要从以下4个方面进行。

● **注意灰尘**：鼠标的底部长期和桌面接触，最容易被污染。尤其是机械式和光学机械式鼠标的滚动球极易将灰尘、毛发、细纤维等带入鼠标中。使用鼠标垫，不但能使鼠标移动更平滑，而且可减小污垢进入鼠标的可能性。

● **小心拔插**：除 USB 接口外，尽量不要对 PS/2 键盘和鼠标进行热插拔。

● **保证感光性**：使用光电鼠标时，要注意保持鼠标垫清洁，使其处于良好的感光状态，避免污垢附着在发光二极管和光敏三极管上，遮挡光线接收。光电鼠标勿在强光条件下使用，也不要在反光率高的鼠标垫上使用。

● **正确操作**：操作时不要过分用力，防止鼠标按键的弹性降低，操作失灵。

（七）维护键盘

键盘使用频率较高，有时按键用力过度、金属物掉入键盘内或茶水等液体溅入键盘内，都会造成键盘内部微型开关弹片变形或被油污锈蚀，出现按键不灵等现象。键盘的维护主要包括以下 3 点。

● **经常清洁**：日常维护或更换键盘时，应切断计算机电源。另外，还应定期清洁键盘表面的污垢，一般清洁可以用柔软干净的湿布擦拭键盘，对于顽固的污渍，可用中性的清洁剂擦除，最后再用湿布擦拭一遍。

● **保证干燥**：当有液体溅入键盘时，应尽快关机，将键盘接口拔下，打开键盘，用干净吸水的软布或纸巾擦干内部的积水，最后在通风处自然晾干即可。

● **正确操作**：在按键时，一定要注意力度适中，动作轻柔，强烈的敲击会缩短键盘的寿命，尤其是在玩游戏时更应该注意，不要使劲按键，以免损坏键帽。

（八）维护家庭无线局域网

家庭无线局域网主要是由 ADSL Modem、无线路由器两个重要的网络设备与计算机、手机等终端设备组成的。其中，ADSL Modem 用于连接互联网，无线路由器的 WAN 口通过网线连接 ADSL Modem 的 LAN 口，无线路由器的 LAN 口通过网线连接计算机的网卡接口，手机和笔记本电脑等设备通过无线网卡连接无线路由器，从而组成家庭无线局域网，整个基本结构如图 8-5 所示。

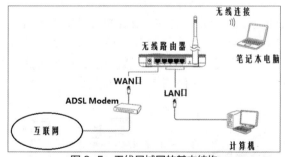

图 8-5 无线局域网的基本结构

1. **保养维护**

家庭无线局域网的保养维护主要是针对光猫和无线路由器这两个设备开展的。

● **定时清理灰尘**：灰尘会影响计算机硬件的散热，光猫和无线路由器也一样。所以，为了保证家庭无线局域网的长久使用，用户需要经常性、有规律地清理灰尘。

● **位置通风**：光猫和无线路由器通常会长时间使用，为了避免长时间运行发热严重，最好将其放在一个通风良好的地方。

● **定时重启**：长时间运行会增加无线路由器的负荷，影响其正常使用，用户最好将其重新启动一次，清理多余数据，恢复正常状态。现在的无线路由器具备自动重启功能，可以设置在某个时间段自动重启。

● **更新软件**：无线路由器为了优化和修复，通常会进行软件升级，更新软件后会提升路由器的工作效率。

2. 清洁维护

光猫和无线路由器的清洁维护有以下3点。

● **清洁表面**：清洁光猫和无线路由器表面的灰尘时，可以直接使用干抹布擦去。

● **清洁插口**：光猫除了LAN口（通常有2~4个）外，还有USB、Phone等插口，很多都会长时间不用，里面可能会积攒污垢和灰尘，可以用棉签沾点酒精进行清洁。

● **密封插口**：为了保护不用的插口，用户可以利用创口贴或透明胶将其密封起来。

3. 日常使用维护

家庭无线局域网的日常维护主要是安全和散热方面的维护。

● **密码**：无线网络在一定范围内都可以搜索并连接，为了防止被蹭网，用户最好设置比较复杂的Wi-Fi密码，甚至定期更换。

● **散热**：光猫和无线路由器表面及附近不要放置过多杂物，避免影响散热。

● **登录安全**：无线路由器的登录密码不要使用默认密码，避免被人从路由器入侵。

● **信号强度**：为了保证无线路由器的信号强度，最好放置在空旷处。

● **LAN口**：目前主流的家用光猫都有4个LAN口，通常情况下，LAN1是千兆接口，LAN2是IPTV接口，LAN3和LAN4是百兆接口，每个接口都可以连接无线路由器，但只有对应的连接才能保证无线网络速度，如千兆宽带网络使用网线连接LAN1和无线路由器。

（九）维护家庭NAS

扫一扫

高清大图

NAS（Network Attached Storage）的中文名称有网络附加储存、网络连接储存装置、网络储存服务器等，其本质是一台固定在公司、家庭无线局域网中的，用于数据备份的外置多硬盘集成计算机，图8-6所示为家庭NAS。只要把手机、笔记本电脑、计算机等设备连接到无线局域网中，就可以在NAS中进行数据读写和备份，同步多个设备的资料，甚至可以为不同的使用者开设账号和设置权限，每个人都只可以存取自己的档案，其基本结构就是在家庭无线局域网中通过无线路由器连接一台NAS，如图8-7所示。

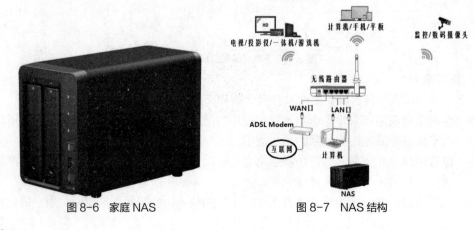

图8-6　家庭NAS　　　　　　图8-7　NAS结构

由于 NAS 中的硬盘较多，发热量较大，为了让其长期稳定地工作，用户需要注意其工作环境，并控制温湿度和灰尘量，另外，还需要注意以下 3 个方面的问题。

- **数据保护**：NAS 中保存了大量非常重要的数据，因此数据的安全保护是其日常维护的重要内容。除了对重要数据资料进行定期自动备份存储外，用户最好 3 个月左右用大容量的移动硬盘离机备份重要的数据和文件。
- **供电安全**：硬盘的损坏和资料丢失往往是突然断电造成的，因此，用户还需要为 NAS 安装一个 UPS，进行不间断供电，保证 NAS 在突然断电后，能在数据资料保存后正常关机。
- **散热问题**：这一点主要针对 DIY 产品，通常盘位越多，散热器就需要越高级；另外，用户需要定期去除硬盘间的灰尘，保证散热。

任务二　维护计算机安全

计算机还有一项日常维护无法消除的威胁——计算机安全。由于计算机和网络的普及，计算机中保存的各种数据的价值越来越高，为了保护这些数据，需要维护计算机安全。

一、任务目标

对计算机的安全进行维护，主要包括查杀病毒、修复系统漏洞、防御黑客攻击和系统加密 4 个方面的知识。通过本任务的学习，可以基本保障计算机安全运行。

二、相关知识

下面介绍计算机病毒、操作系统漏洞、黑客等相关知识。

（一）计算机病毒的表现

计算机病毒本身也是一种程序，由一组程序代码构成。不同之处在于，计算机病毒会对计算机的正常使用造成破坏。

1. 计算机病毒的直接表现

虽然病毒入侵计算机的过程通常在后台，并在入侵后潜伏于计算机系统中等待机会，但这种入侵和潜伏的过程并不是毫无踪迹的，当计算机出现异常现象时，就应该使用杀毒软件扫描计算机，确认是否感染病毒。这些异常现象包括以下 5 方面。

- **系统资源消耗加剧**：硬盘中的存储空间急剧减少，系统中基本内存发生变化，CPU 的使用率保持在 80% 以上。
- **性能下降**：计算机运行速度明显变慢，运行程序时经常提示内存不足或出现错误；计算机经常在没有任何征兆的情况下突然死机；硬盘经常出现不明的读写操作，在未运行任何程序时，硬盘指示灯不断闪烁甚至长亮不熄。
- **文件丢失或被破坏**：计算机中的文件莫名丢失、文件图标被更换、文件的大小和名称被修改以及文件内容变成乱码，原本可正常打开的文件无法打开。
- **启动速度变慢**：计算机启动速度变得异常缓慢，启动后在一段时间内，系统对用户的操作无响应或响应变慢。
- **其他异常现象**：系统的时间和日期无故发生变化；自动打开 IE 浏览器链接到不明网站；突然播放不明的声音或音乐；经常收到来历不明的邮件；部分文档自动加密；计算机的输入 / 输出端口不能正常使用等。

2. 计算机病毒的间接表现

某些计算机病毒会以"进程"的形式出现在系统内部，这时可以打开系统进程列表来查看正在运行的进程，通过进程名称及路径判断是否产生病毒，如果有，则记下其进程名，结束该进程，然后删除病毒程序即可。

计算机的进程一般包括基本系统进程和附加进程，了解这些进程的含义，可以方便用户判断是否存在可疑进程，进而判断计算机是否感染病毒。基本系统进程对计算机的正常运行起着至关重要的作用，因此不能随意将其结束。常用进程主要包括以下9项。

- explorer.exe：用于显示系统桌面上的图标以及任务栏图标。
- spoolsv.exe：用于管理缓冲区中的打印和传真作业。
- lsass.exe：用于管理IP安全策略及启动ISAKMP/Oakley（IKE）和IP安全驱动程序。
- services.exe：系统服务的管理工具，包含很多系统服务。
- winlogon.exe：用于管理用户登录系统。
- smss.exe：会话管理系统，负责启动用户会话。
- csrss.exe：子系统进程，负责控制Windows创建或删除线程以及16位的虚拟DOS环境。
- svchost.exe：系统启动时，svchost.exe通过检查计算机中的位置来创建需要加载的服务列表，如果多个svchost.exe同时运行，则表明当前有多组服务处于活动状态，或是多个.dll文件正在调用它。
- System Idle Process：该进程是作为单线程运行的，并在系统不处理其他线程时分派处理器的时间。

知识补充

附加进程

Wuauclt.exe（自动更新程序）、Systray.exe（系统托盘中的声音图标）、Ctfmon.exe（输入法）和Mstask.exe（计划任务）等属于附加进程，可以按需取舍，不会影响到系统的正常运行。

（二）计算机病毒的防治方法

计算机病毒固然猖獗，但只要用户加强病毒防范意识和防范措施，就可以降低计算机被病毒感染的概率和破坏程度。计算机病毒的预防主要包括以下5方面。

- **安装杀毒软件**：计算机中应安装杀毒软件，开启软件的实时监控功能，并定期升级杀毒软件的病毒库。
- **及时获取病毒信息**：登录杀毒软件的官方网站、计算机报刊和相关新闻，获取最新的病毒预警信息，学习最新病毒的防治和处理方法。
- **备份重要数据**：使用备份工具软件备份系统，以便在计算机感染病毒后及时恢复。同时，重要数据应利用移动存储设备或光盘进行备份，减少病毒造成的损失。
- **杜绝二次传播**：当计算机感染病毒后，应及时使用杀毒软件清除和修复，注意不要将计算机中感染病毒的文件复制到其他计算机中。若局域网中的某台计算机感染了病毒，应及时断开网线，以免其他计算机被感染。
- **切断病毒传播渠道**：使用正版软件，拒绝使用盗版和来历不明的软件；网上下载的文件要先杀毒再打开；使用移动存储设备时，也应先杀毒再使用；同时注意不要随便打开来历不明的电子邮件和 QQ 好友传送的文件等。

（三）查杀计算机病毒

目前，计算机病毒的检测和清除方法主要有以下两种。

- **人工方法：** 人工方法是指借助一些 DOS 命令和修改注册表等方式来检测并消除病毒。这种方法要求操作者对系统与命令十分熟悉，且操作复杂，容易出错，有一定的危险性，一旦操作不慎就会导致严重的后果。这种方法常用于自动方法无法清除的新病毒。
- **自动方法：** 该方法是针对某一种或多种病毒使用专门的反病毒软件或防病毒卡自动对病毒进行检测和清除处理。它不会破坏系统数据，操作简单，运行速度快，是一种较为理想和通用的检测并清除病毒的方法。

对于普通用户来说，一般都是使用自动方法即使用反病毒软件查杀计算机病毒，为了得到更好的杀毒效果，在使用反病毒软件时需注意以下 3 方面。

- **不能频繁操作：** 对计算机不可频繁进行查杀病毒操作，这样不但不能取得很好的效果，还有可能导致硬盘损坏。
- **在多种模式下杀毒：** 发现病毒后，一般情况下都是在操作系统的正常登录模式下杀毒，当杀毒操作完成后，还需启动安全模式再次查杀，以便彻底清除病毒。
- **选择全面的杀毒软件：** 全面的杀毒软件是指软件不仅应包括常见的查杀病毒功能，还应该包括实时防毒功能，能实时监测和跟踪对文件的各种操作，一旦发现病毒，立即报警，这样才能最大限度地减少计算机被病毒感染的概率。

（四）认识系统漏洞

操作系统漏洞是指操作系统本身在设计上的缺陷或在编写时产生的错误，这些缺陷或错误可以被不法者或计算机黑客利用，通过植入木马或病毒等方式来攻击或控制整个计算机，从而窃取其中的重要资料和信息，甚至破坏用户的计算机。操作系统漏洞产生的主要原因如下。

- **原因一：** 受编程人员的能力、经验和当时安全技术所限，程序中难免会有不足之处，轻则影响程序功能，重则导致非授权用户的权限提升。
- **原因二：** 由于硬件原因，编程人员无法弥补硬件的漏洞，从而使硬件的问题通过软件表现出来。
- **原因三：** 由于人为因素，程序开发人员在编写程序过程中，为实现某些目的，在程序代码的隐蔽处保留了后门。

知识补充

安装补丁程序来修复系统漏洞

操作系统漏洞是不可避免的，在每一款新的操作系统上市后，都会由生产商不定时推出操作系统的补丁程序，用户可以安装补丁程序修复操作系统漏洞。

（五）认识黑客

黑客（Hacker）是对计算机系统非法入侵者的称呼，黑客攻击计算机的手段各式各样，如何防止黑客的攻击成为了每个用户最关心的计算机安全问题。黑客通过一切可能的途径来达到攻击计算机的目的，下面简单介绍黑客攻击计算机的常用手段。

● **网络嗅探器**：使用专门的软件查看 Internet 的数据包，或使用侦听器程序对网络数据流进行监视，从中捕获口令或相关信息。

● **文件型病毒**：通过网络不断地向目标主机的内存缓冲器发送大量数据，以摧毁主机控制系统或获得控制权限，并致使接收方运行缓慢或死机。

● **电子邮件炸弹**：电子邮件炸弹是匿名攻击之一，它不断并大量地向同一地址发送电子邮件，从而耗尽接收者网络的带宽。

● **网络型病毒**：真正的黑客拥有超强的计算机技术，他们可以分析 DNS 直接获取 Web 服务器等主机的 IP 地址，在没有障碍的情况下完成侵入的操作。

● **木马程序**：木马的全称是"特洛伊木马"，它是一类特殊的程序，它们一般以寻找后门并窃取密码为主。对于普通计算机用户，防御黑客主要是针对木马程序。

（六）预防黑客的方法

黑客攻击使用的木马程序一般是通过绑定在其他软件上、电子邮件、感染邮件客户端软件等方式进行传播，因此，应从以下 9 个方面来预防黑客攻击。

● **不要执行来历不明的软件**：木马程序一般是通过绑定在其他软件上进行传播，一旦运行了这个被绑定的软件就会被感染，因此在下载软件时，一般推荐去一些信誉比较高的站点。在软件安装之前用反病毒软件进行检查，确定无毒后再使用。

● **不要随意打开邮件附件**：有些木马程序是通过邮件来传播的，而且会连环扩散，因此在打开邮件附件时需要注意。

● **重新选择新的客户端软件**：很多木马程序主要感染的是 Outlook 和 Outlook Express 的邮件客户端软件，因为这两款软件全球使用量最大，黑客们对它们的漏洞已经研究得比较透彻。如选用其他的邮件软件，受到木马程序攻击的可能性就会减小。

● **少用共享文件夹**：如因工作需要，必须将计算机设置成共享，则最好把共享文件放置在一个单独的共享文件夹中。

● **运行反木马实时监控程序**：在上网时，最好运行反木马实时监控程序，实时显示当前所有运行程序并有详细的描述信息，另外再安装一些专业的最新杀毒软件或个人防火墙等进行监控。

● **经常升级操作系统**：许多木马都是通过系统漏洞来攻击的，Microsoft 公司发现这些漏洞之后都会在第一时间内发布补丁，可以通过给系统打补丁来防止攻击。

● **使用杀毒软件**：常见的杀毒软件都可以对木马进行查杀，这些杀毒软件包括江民杀毒软件、360 杀毒、金山毒霸等，这些软件查杀其他病毒很有效，对木马的检查也比较成功，但在彻底清除方面不是很理想。

● **使用木马专杀软件**：对木马不能只采用防范手段，还要将其彻底清除，专用的木马查杀软件一般都带有这些特性，如 The Cleaner、木马克星、木马终结者等。

● **使用网络防火墙**：常见网络防火墙软件包括天网、金山网镖等。一旦有可疑网络连接或木马对计算机进行控制，防火墙就会报警，同时显示出对方的 IP 地址和接入端口等信息，通过手工设置之后即可使对方无法进行攻击。

三、任务实施

（一）查杀计算机病毒

在使用杀毒软件查杀病毒前，最好先升级软件的病毒库，再查杀病毒。下面使用 360 杀毒软件查杀病毒，具体操作如下。

（1）在桌面上单击"360杀毒实时防护"图标，打开360杀毒主界面，单击最下面的"检查更新"超链接，如图8-8所示。

（2）打开"360杀毒–升级"对话框，连接到网络检查病毒库是否为最新，如果非最新状态，就开始下载并安装最新的病毒库，如图8-9所示。

微课视频
查杀计算机病毒

图8-8　360杀毒主界面

图8-9　升级病毒库

（3）在打开的对话框中显示病毒库升级完成，单击"关闭"按钮，如图8-10所示，返回360杀毒主界面，单击"快速扫描"按钮。

（4）360杀毒开始对计算机中的文件进行病毒扫描，按照系统设置、常用软件、内存活跃程序、开机启动项和系统关键位置的顺序进行，如果在扫描过程中发现对计算机安全有威胁的项目，则将其显示在界面中，如图8-11所示。

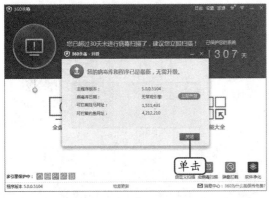

图8-10　完成升级

图8-11　病毒扫描

（5）扫描完成后，360杀毒将显示所有扫描到的威胁情况，单击"立即处理"按钮，如图8-12所示。

（6）360杀毒对扫描到的威胁进行处理，并显示处理结果，单击"确认"按钮即可完成病毒的查杀操作，如图8-13所示。

图 8-12　完成扫描　　　　　　　　　　　　　图 8-13　完成查杀

知识
补充

重新启动计算机

在使用 360 杀毒软件查杀计算机病毒的过程中，由于一些计算机病毒会严重威胁计算机系统的安全，所以从安全的角度出发，需针对一些威胁项进行处理，完成后需要重新启动计算机才能生效，同时软件会给出图 8-14 所示的提示。

图 8-14　查杀病毒结果提示

（二）使用软件修复系统漏洞

除了通过操作系统自身升级修复系统漏洞外，最常用的方法就是通过软件进行修复，下面使用 360 安全卫士修复操作系统漏洞，具体操作如下。

微课视频

使用软件修复系统漏洞

（1）在"360 安全卫士"主界面中单击"系统修复"选项卡，单击界面右侧"更多修复"栏的"单项修复"按钮，在弹出的菜单中选择"漏洞修复"命令，如图 8-15 所示。

（2）程序自动检测系统中存在的各种漏洞，并将漏洞按照不同的危险程度和功能分类，保持默认选中的漏洞，单击"一键修复"按钮，如图 8-16 所示。

（3）此时 360 安全卫士开始下载漏洞补丁程序，并显示下载进度，下载完一个漏洞的补丁程序后，360 安全卫士将继续下载下一个漏洞的补丁程序，并安装下载完的补丁程序。如果安装补丁程序成功，则在该选项的"状态"栏中显示"已修复"字样，如图 8-17 所示。

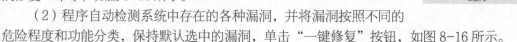

知识
补充

选择需要修复的漏洞

通常 360 安全卫士会将最重要也是必须修复的系统漏洞全部自动选中，其他一些对系统安全危险性较小的系统漏洞，则需要用户自行选择是否修复。

（4）待全部漏洞修复完成后，将显示修复结果，单击"返回"按钮返回主界面，如图8-18所示。

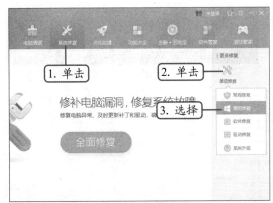

图 8-15 开始漏洞扫描

图 8-16 选择修复的漏洞

图 8-17 下载并安装漏洞补丁

图 8-18 完成漏洞修复

（三）使用软件防御黑客攻击

防御黑客攻击的方法主要是开启木马防火墙和查杀木马程序，下面使用360安全卫士设置木马防火墙和查杀木马，具体操作如下。

（1）在360安全卫士主界面右侧单击"安全防护中心"按钮，进入安全防护中心主界面，单击"进入防护"按钮，如图8-19所示。

（2）在打开的"安全防护中心"界面中设置需要的各种网络防火墙，如图8-20所示。

微课视频

使用软件防御黑客攻击

> **知识补充　扫描到木马程序**
>
> 若360安全卫士显示扫描到木马程序或危险项，将提供处理方法；单击"立即处理"按钮，即可自动处理木马程序或危险项，并提示用户重启计算机；单击"好的，立即重启"按钮重启计算机，完成查杀操作。

（3）返回360安全卫士主界面，单击"木马查杀"选项卡，进入360安全卫士的查杀修复界面，单击"快速查杀"按钮，如图8-21所示。

（4）360安全卫士开始扫描木马，并显示扫描进度和扫描结果，如果计算机中没有发现木马，将显示计算机安全，如图8-22所示。

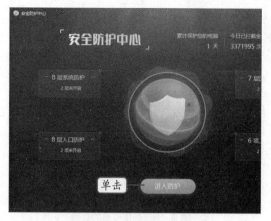

图 8-19　360 安全卫士主界面

图 8-20　设置防火墙

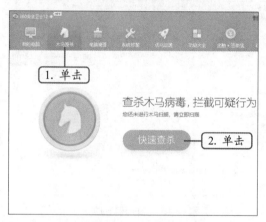

图 8-21　查杀木马

图 8-22　完成查杀

（四）操作系统登录加密

无论是办公还是生活，计算机中都存储了大量的重要数据，只有对这些数据进行加密，才能防止数据泄露，保证计算机的安全。除了可以在 BIOS 中设置操作系统登录密码外，还可以在 Windows 10 操作系统的"控制面板"中设置操作系统登录密码，下面在 Windows 10 操作系统中设置登录密码，具体操作如下。

微课视频

操作系统登录加密

（1）单击"开始"按钮，在打开的开始菜单中，选择"Windows 系统 / 控制面板"命令，打开"控制面板"窗口，单击"更改账户类型"超链接，如图 8-23 所示。

（2）打开"管理账户"窗口，在"选择要更改的用户"列表框中单击需要设置密码的账户，如图 8-24 所示。

（3）打开"更改账户"窗口，在"更改【账户名】的账户"栏中单击"创建密码"超链接，如图 8-25 所示。

（4）打开"创建密码"窗口，在下面的 3 个文本框中分别输入密码和密码提示，单击"创建密码"按钮，如图 8-26 所示。

图 8-23 打开"控制面板"窗口

图 8-24 更改密码

图 8-25 创建密码

图 8-26 输入密码

（5）下次启动计算机进入操作系统时，将打开密码登录界面，只有输入正确的密码，才能登录操作系统。

（五）文件加密

文件加密的方法很多，除了使用 Windows 系统的隐藏功能外，还可使用应用软件对文件进行加密。目前使用较多且较简单的文件加密方式是使用压缩软件加密。下面使用 360 压缩软件为文件加密，具体操作如下。

微课视频

文件加密

（1）在操作系统中找到需要加密的文件，在其上单击鼠标右键，在弹出的快捷菜单中选择"添加到压缩文件"命令，如图 8-27 所示。

（2）在打开的对话框中单击"添加密码"超链接，如图 8-28 所示。

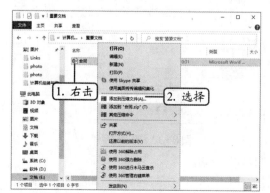

图 8-27 选择操作

图 8-28 添加密码

（3）打开"添加密码"对话框，在两个文本框中输入密码；单击"确定"按钮，如图 8-29 所示。

（4）返回 360 压缩对话框，单击"立即压缩"按钮，即可将设置了密码的文件添加到压缩文件，在保存的文件夹中可看到压缩文件，如图 8-30 所示。将该文件解压时，通常需要输入刚才的密码，才能正确解压。

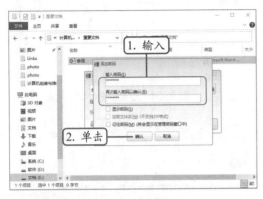

图 8-29　设置密码

图 8-30　设置了密码的压缩文件

（六）隐藏硬盘驱动器

有时为了保护硬盘中的数据和文件夹，可以将某个硬盘驱动器隐藏。下面隐藏驱动器 D，具体操作如下。

（1）在操作系统界面中单击"开始"按钮，在打开的开始菜单中的"Windows 系统 / 此电脑"命令上单击鼠标右键，在弹出的快捷菜单中选择"更多 / 管理"命令，如图 8-31 所示。

微课视频

隐藏硬盘驱动器

（2）打开"计算机管理"窗口，在左侧的任务窗格中选择"磁盘管理"选项，在中间的驱动器 D 的选项上单击鼠标右键，在弹出的快捷菜单中选择"更改驱动器号和路径"命令，如图 8-32 所示。

图 8-31　选择操作

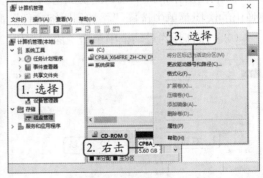

图 8-32　管理磁盘

（3）打开更改驱动器号的对话框，单击"删除"按钮。

（4）在打开的提示框中确认删除驱动器号的操作，单击"是"按钮，如图 8-33 所示。

（5）返回"计算机"窗口，已经看不到驱动器 (D:)，如图 8-34 所示。

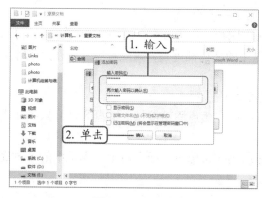

图 8-33　设置密码　　　　　　图 8-34　设置了密码的压缩文件

实训一　清除计算机的灰尘

【实训要求】

对一台计算机进行灰尘清理工作，通过本次操作，对计算机的硬件进行一次日常维护，减少计算机出现故障的概率。

微课视频
清除计算机的灰尘

【实训思路】

完成本实训主要包括拆卸计算机的各种硬件和清理灰尘两大步操作，完成后再将计算机组装起来即可，其操作思路如图 8-35 所示。

①拆卸计算机的各种硬件　　　　　　　　②清理灰尘

图 8-35　清理计算机灰尘的操作思路

【步骤提示】

（1）用十字螺丝刀将机箱盖拆开，可以看到机箱的内部构造，然后拔掉所有的插头。

（2）取下内存，用橡皮擦轻轻擦拭金手指，但要注意别碰到电子元件，电路板部分可以使用小毛刷轻轻将灰尘扫掉。

（3）将 CPU 散热器拆下，将散热片和风扇分离，将散热片置于水龙头下冲洗，冲洗干净后用风筒吹干。风扇可用小毛刷加布或纸清理干净，然后将风扇的胶布撕下，往小孔中滴进一滴润滑油，接着拨动风扇片使润滑油渗入，最后，擦干净孔口四周的润滑油，使用一张新的胶布封好。需要注意的是，在清理机箱电源时，其风扇也要除尘加油。

（4）如果有独立显卡，也要清理金手指并加滴润滑油。

（5）对于整块主板，可以使用小毛刷将灰尘刷掉（用力要轻），再用风筒猛吹，最后用吹气球做细微的清理即可。而对于插槽，可以用硬纸片插进去，来回拖曳几下以达到除尘效果。

（6）对于光驱和硬盘接口，一般使用硬纸片清理。

（7）机箱表面、键盘、显示器的外壳，可以用布蘸点酒精擦拭。键盘的键缝只能使用抹布和棉花签慢慢清理。

（8）显示器最好用专业的清洁剂清理，然后用抹布擦拭干净。对于计算机中的各种连线和插头，最好都用抹布擦拭一遍。

实训二　使用 360 安全卫士维护计算机

【实训要求】

使用 360 安全卫士清理计算机中的木马，修复其中的漏洞，并对计算机中的各种 Cookie、垃圾、痕迹、插件进行清理，以维护计算机的安全。

微课视频

使用 360 安全卫士
维护计算机

【实训思路】

完成本实训主要包括查杀木马、修复漏洞、清理垃圾三大步操作，其操作思路如图 8-36 所示。

① 查杀木马

② 修复漏洞

③ 清理垃圾

图 8-36　安全维护的操作思路

【步骤提示】

（1）启动360安全卫士，进入木马查杀界面，进行全盘扫描，如果发现有木马程序，则进行查杀。

（2）进入漏洞修复界面，扫描操作系统中是否存在漏洞，如果发现漏洞，则选择需要修复的漏洞进行修复。

（3）进入计算机清理界面，先设置需要清理的选项，然后进行清理，最后重新启动一次计算机。

课后练习

（1）对计算机进行一次磁盘碎片整理，查看整理后计算机的速度是否有变化。

（2）对自己的计算机进行一次灰尘清理操作。

（3）从网上下载一个最新的杀毒软件，安装到计算机中，并进行全盘扫描杀毒。

（4）下载并安装天网防火墙，防御黑客的进攻。

（5）修复操作系统的漏洞。

（6）下载木马克星，对计算机进行木马查杀。

技能提升

1. 维护笔记本电脑

笔记本电脑比普通计算机的寿命短，更加需要维护。笔记本电脑能否保持良好的状态与使用环境和个人的使用习惯有很大的关系，好的使用环境和使用习惯能够减少维护的复杂程度，并且能最大限度地发挥其性能。在使用笔记本电脑的过程中，需要注意以下3点。

- **注意环境温度**：潮湿的环境对笔记本电脑有很大的损伤，在潮湿的环境下存储和使用会导致笔记本电脑内部的电子元件遭受腐蚀，加速氧化，从而加快笔记本电脑的损坏。也不要将水杯和饮料放在笔记本电脑旁，一旦液体流入，笔记本电脑可能瞬间报废。

- **保持清洁度**：保持在尽可能少灰尘的环境下使用笔记本电脑是非常必要的，严重的灰尘会堵塞笔记本电脑的散热系统，容易引起内部零件之间的短路而使笔记本电脑的使用性能下降甚至损坏笔记本电脑。

- **防止震动**：震动包括跌落、冲击、拍打，以及放置在较大震动的表面上使用。系统在运行时，外界的震动会使硬盘受到伤害甚至损坏，震动同样会导致外壳和屏幕损坏。请勿将笔记本电脑放置在床、沙发等软性设备上使用，否则容易造成断折和跌落。

2. 个人计算机安全防御注意事项

计算机受到的安全攻击多种多样，应该尽可能地提高计算机的安全防御水平。以下是常用的个人计算机安全防御知识。

- **杀毒软件不可少**：对于一般用户而言，首先要做的就是为计算机安装一套正版的杀毒软件。用户应当安装杀毒软件的实时监控程序，定期升级所安装的杀毒软件，给操作系统打相应补丁，并升级杀毒引擎。

- **个人防火墙不可替代**：安装个人防火墙以抵御黑客攻击。防火墙能最大限度地阻止网络中的黑客访问自己的网络，防止他们更改、复制、毁坏自己的重要信息。防火墙在安装后，一定要根据需求详细配置，合理设置防火墙后能防范大部分的蠕虫入侵。

- **分类设置密码并使密码设置尽可能复杂**：在不同的场合使用不同的密码，以免因一个密码泄露导致所有资料外泄。对于重要的密码一定要单独设置，并且不要与其他密码相同。可能的话，定期修改自己的上网密码，至少一个月更改一次，这样可以确保即使原密码泄露，也能将损失减小到最小。

- **不下载来路不明的软件及程序**：选择信誉较好的下载网站下载软件，将下载的软件及程序集中放在非引导分区的某个目录，在使用前最好用杀毒软件查杀病毒。也不要打开来历不明的电子邮件及其附件，以免遭受病毒邮件的侵害。

- **警惕"网络钓鱼"**："网络钓鱼"的手段包括建立假冒网站或发送含有欺诈信息的电子邮件，盗取网上银行、网上证券、其他电子商务用户的账户密码等，从而达到窃取用户资金的目的，遇到这种情况，用户需要认真判别。

- **防范间谍软件**：防范间谍软件通常有以下3种方法：一是把浏览器调到较高的安全等级；二是在计算机上安装防止间谍软件的应用程序；三是甄别选择将要在计算机上安装的共享软件。

- **不要随意浏览黑客网站和非法网站**：许多病毒和木马都来自于黑客网站和非法网站，一旦连接到这些网站，而计算机恰巧又没有缜密的防范措施，就很容易受到安全攻击。

- **定期备份重要数据**：无论防范措施做得多么严密，都无法完全防止"道高一尺，魔高一丈"的情况出现。如果遭到致命的攻击，操作系统和应用软件可以重装，而重要的数据就只能靠日常的备份。

3. 常见的计算机维护问题

对于普通计算机用户来说，在进行维护时，可能遇到以下一些问题。

- **使用Windows 10，在每次关机或重新启动时，都有一段时间的"正在保存设置"画面，怎样才能快速关闭计算机？**

关于这种情况，可以通过以下操作来快速关机。在准备关机或重新启动计算机时，按【Ctrl+Alt+Del】组合键，打开"Windows任务管理器"对话框，按住【Ctrl】键，并选择【关机】/【关闭】（或【重新启动】）菜单命令，再释放【Ctrl】键，即可跳过"正在保存设置"画面，而直接关机或重新启动计算机。

- **在使用Windows 10操作系统一段时间后，计算机的运行速度变慢了许多，用了一些优化软件，也没有什么作用，有什么方法可以解决？**

在Windows 10操作系统中有一个预读的设置，它虽然可以提高速度，但随着时间的增加，预读文件变多，系统也会变慢，因此当计算机的运行速度变慢以后，可以删除这些预读文件，在"Windows\Prefetch"文件夹下将所有的预读文件删除，重启计算机即可。

- **为什么在整理碎片时，系统会提示整理无法继续？**

这可能是因为在进行碎片整理时，同时运行了其他程序，使得程序在进行碎片整理的同时，对硬盘进行写操作，从而造成整理失败。可试着关闭这些程序之后，再进行碎片整理。另外，如果硬盘上出现坏道，也会出现整理失败的现象，最好使用一些能够检测坏道的软件，对硬盘进行检测。

● 有一种引导型病毒位于硬盘引导区内，系统开始运行就会加载，怎么清除呢？

引导型病毒主要寄生在硬盘或光盘的引导区内，当带有病毒的硬盘引导并启动系统时，引导型病毒被自动加载到内存中运行。要清除引导型病毒，可使用没有病毒的系统安装盘启动计算机后，再使用杀毒软件对计算机进行杀毒。

● 使用杀毒软件时应该注意哪些问题？在一台计算机中安装多个杀毒软件是否能起到更好的杀毒效果？

杀毒软件都有属于自己的病毒库，病毒库中存放了已知病毒的特征码，杀毒软件就是根据这些特征码来查杀病毒的。由于每天都会出现许多新的病毒，因此用户应定期对杀毒软件的病毒库进行升级，提高其查杀病毒的能力。不同的杀毒软件会采用不同的模块来抵制病毒，而这些模块又直接影响系统的运行，在大多数情况下，在同一台计算机中安装多个杀毒软件，不仅不能起到杀毒的作用，还会发生冲突。所以并不建议安装多个杀毒软件，选择一款适合的杀毒软件即可。

● 在 Windows 10 中，如何关闭共享驱动器？

按【Win+R】组合键，打开"运行"对话框，在"打开"文本框中输入"Msconfig.exe"，按【Enter】键后打开"系统配置"对话框，在该对话框中单击"服务"选项卡，在"服务"选项卡的下拉列表框中找到"Server"选项，这就是控制共享驱动器的选项设置，在状态处可以看出该服务正在运行，取消选中"Server"复选框，重新启动计算机即可关闭共享驱动器。

● 计算机的硬件也存在安全问题吗？

计算机的芯片和硬件设备也会对系统安全构成威胁，如 CPU，它是造成计算机性能安全的最大威胁。因为 CPU 内部集成有运行系统的指令集，这些指令代码都是保密的，据有关资料透露，国外针对我国所用的 CPU 可能集成有陷阱指令或病毒指令，并设有激活办法和无线接收指令。它们可以利用无线代码激活 CPU 内部指令，造成计算机内部信息外泄和计算机系统灾难性崩溃。例如，显示器、键盘、打印机的电磁辐射会把计算机信号扩散到几百米甚至一千米以外的地方，针式打印机的辐射甚至达到 GSM 手机的辐射量。情报人员可以利用专用接收设备接收这些电磁信号，然后还原，从而实时监视计算机上的所有操作，并窃取相关信息。

项目九
诊断与排除计算机故障

情景导入

老洪：米拉，昨天技术部送来的计算机都维护完了吗？

米拉：都已经维护完毕了，不过还有两台有问题。

老洪：出现了什么故障？

米拉：所有的机器都是拆卸后重新组装，并且都清理了灰尘，这些计算机拿来前都能正常工作。

老洪：是不是哪里装错了？

米拉：我一直害怕哪里装错了，所以都重新进行了组装，目前两台计算机都能打开，但无法进入操作系统。

老洪：如果硬件没有问题，可能是软件的问题。今天就给你介绍诊断和排除计算机故障的相关知识吧。

米拉：太好了，问题终于可以解决了。

学习目标

- 了解计算机故障产生的原因和确认方法
- 了解排除计算机故障的原则、步骤和注意事项

- 了解常见的计算机故障
- 熟练掌握计算机常见故障的排除方法

技能目标

- 加强对计算机故障的认识和理解，能够排除一些常见的计算机故障
- 掌握排除计算机故障的通用步骤

- 掌握计算机系统故障和硬件故障的排除方法

素质目标

- 培养科学探索精神，能通过技术上的创新解决专业问题

任务一 了解计算机故障

计算机故障是计算机在使用过程中，遇到的系统不能正常运行或运行不稳定，以及硬件损坏或出错等现象。

一、任务目标

熟悉计算机故障排除的基本知识，主要包括计算机故障产生的原因、确定方法、处理方法、预防方法等。通过本任务的学习，可以对计算机故障有基本的了解，并学会如何诊断计算机故障。

二、相关知识

（一）计算机故障产生的原因

要排除计算机故障，应先找到故障产生的原因。计算机故障是由各种各样的因素引起的，主要包括计算机硬件质量差、环境因素、兼容性问题、病毒破坏，以及使用和维护时的不当操作等。要排除各种故障，应该先了解这些故障产生的原因。

1. 硬件质量差

硬件质量差的主要原因是生产厂家为了节约成本，降低产品的价格，牟取更大的利润，使用一些质量较差的电子元件，主要表现如下。

- **电子元件质量差**：有些厂商使用质量较差的电子元件，导致硬件达不到设计要求，产品质量低下。图 9-1 所示为劣质主板，不但使用劣质电容，甚至没有散热风扇。

- **电路设计缺陷**：硬件的电路设计有缺陷，在使用过程中很容易导致故障。图 9-2 所示的圈中部分为通过飞线掩饰 PCB 电路问题。

图 9-1　劣质主板　　　　　　　　　　图 9-2　电路设计缺陷

- **假货**：假货就是不法商家为牟取暴利，用质量很差的元件仿制品牌产品。图 9-3 所示为真假 U 盘的内部对比。假货不但使用了质量很差的元件，而且偷工减料，用户购买到这种产品，轻则容易引起计算机故障，重则直接损坏硬件。

知识补充	**注意假冒产品**
	假冒产品有一个很显著的特点就是价格比正品便宜很多，因此用户在选购时，一定不要贪图便宜，应该多进行对比。选购时，应该注意产品的标码、防伪标记和制造工艺等。图 9-4 所示为具有防伪查询码的内存。

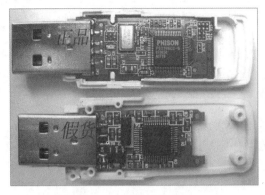

图9-3　真假U盘对比

图9-4　正品内存防伪码

2. 环境因素

计算机中各部件的集成度很高，因此对环境的要求也较高，当所处的环境不符合硬件正常运行的标准时，容易引发故障。环境因素主要有以下5个。

扫一扫

高清大图

- **温度**：如果计算机的工作环境温度过高，就会影响其散热，甚至引起短路等故障发生。特别是夏天温度太高时，一定要注意散热。另外，还要避免日光直射到计算机和显示屏上。图9-5所示为温度过高导致耦合电容烧毁，主板彻底报废。

- **电源**：交流电的正常电压为220V（±10%），频率为50Hz（±5%），并且应具有良好的接地系统。电压过低，不能供给足够的功率，数据可能被破坏；电压过高，设备的元器件又容易损坏。如果经常停电，应使用UPS保护计算机，使计算机在电源中断的情况下能从容关机。图9-6所示为电压过高导致的芯片烧毁。

图9-5　温度过高导致故障

图9-6　电压过高导致故障

- **灰尘**：灰尘附着在计算机元件上，可使其隔热，妨碍了元件在正常工作时产生的热量散发，加速其磨损。电路板上芯片的故障，很多都是由灰尘引起的。

- **电磁波**：计算机对电磁波的干扰较为敏感，较强的电磁波干扰可能会造成硬盘数据丢失或显示屏抖动等故障。图9-7所示为电磁波干扰下颜色失真的显示器。

- **湿度**：计算机正常工作对环境湿度有一定的要求，湿度太高会影响计算机硬件的性能发挥，甚至引起一些硬件短路；湿度太低又易产生静电，损坏硬件。图9-8所示为湿度过低产生静电导致电容爆浆。

图 9-7　电磁波干扰导致故障

图 9-8　湿度过低导致故障

3. 兼容性问题

兼容性就是硬件与硬件、软件与软件、硬件与软件之间能够相互支持并充分发挥性能的特性。计算机中的各种软件和硬件都不是由同一厂家生产的，这些厂家虽然都按照统一的标准进行生产，但仍有不少产品存在兼容性问题。如果兼容性不好，虽然也能正常工作，但是其性能无法很好地发挥出来，也可能出现故障，主要有以下两种表现。

● **硬件兼容性：** 硬件之间出现兼容性问题会导致严重故障，通常这种故障在计算机组装完成后，第一次启动时就会出现，如系统蓝屏现象，解决的方法就是更换硬件。

● **软件兼容性：** 软件的兼容性问题主要是操作系统自身的某些设置，拒绝运行某些软件中的某些程序引起的，解决的方法是下载并安装软件补丁程序。

4. 病毒破坏

病毒是引起大多数软件故障的主要原因，它们利用软件或硬件的缺陷控制或破坏计算机，可使系统运行缓慢、不断重启，使用户无法正常操作计算机，甚至造成硬件损坏。

5. 使用和维护不当

有些硬件故障是由用户操作不当或维护失败造成的，主要有以下5个方面。

● **安装不当：** 安装显卡或声卡等硬件时，需要将其用螺钉固定到适当位置。如果安装不当，可能导致板卡变形，最后因为接触不良导致故障。

● **安装错误：** 计算机硬件在主板中都有自己固定的接口或插槽，安装错误可能因为该接口或插槽的额定电压不同而造成短路等故障。

● **板卡被划伤：** 计算机中的板卡一般都是分层印制的电路板，如果将其划伤，就可能将其中的电路或线路切断，导致断路故障，甚至烧毁板卡。

● **带电拔插：** 除了 SATA 和 USB 接口的设备外，计算机的其他硬件都是不能在未断电时拔插的，否则很容易造成短路，将硬件烧毁。即使按照安全用电的标准，也不应该带电拔插硬件，因为这样可能对人身造成伤害。图 9-9 所示为带电拔插导致 I/O 芯片损坏。

● **带静电触摸硬件：** 静电有可能造成计算机中的各种芯片损坏，在维护硬件前，应先释放本身的静电。另外，在安装计算机时，将机壳用导线接地，也可起到很好的防静电效果。图9-10所示为静电导致主板插槽烧毁。

图9-9　带电拔插导致 I/O 芯片损坏

图9-10　静电导致故障

（二）确认计算机故障

在发现计算机发生故障后，首先要确认计算机的故障类型是否是真的计算机故障，然后进行处理。

1. 通过报警声确认故障

在系统启动时，主板上的 BIOS 芯片会发出报警声，提示用户系统是否正常启动。表9-1和表9-2所示为最常见的两种 BIOS 报警声。

表9-1　Phoniex-Award BIOS 的报警声

报警声	功能	报警声	功能
1短	系统正常启动	3短1短2短	第二个 DMA 控制器或寄存器出错
3短	POST 自检失败	3短1短3短	主中断处理寄存器错误
1短1短2短	主板出错	3短1短4短	副中断处理寄存器错误
1短1短3短	主板没电或 CMOS 错误	3短2短4短	键盘时钟错误
1短1短4短	BIOS 检测错误	3短3短4短	显示内存错误
1短2短1短	系统时钟出错	3短4短2短	显示测试错误
1短2短2短	DMA 通道初始化失败	3短4短3短	未发现显卡 BIOS
1短2短3短	DMA 通道寄存器出错	4短2短1短	系统实时时钟错误
1短3短1短	内存通道刷新错误	4短2短2短	BIOS 设置不当
1短3短2短	内存损坏或 RAS 设置有误	4短2短3短	键盘控制器开关错误
1短3短3短	内存损坏	4短2短4短	保护模式中断错误
1短4短1短	基本内存地址错误	4短3短1短	内存错误
1短4短2短	内存 ECC 校验错误	4短3短3短	系统第二时钟错误
1短4短3短	EISA 总线时序器错误	4短3短4短	实时时钟错误

表 9-2　AMI BIOS 报警声

报警声	功能	报警声	功能
1 短	内存刷新失败	7 短	系统实模式错误
2 短	内存 ECC 校验错误	8 短	显示内存错误
3 短	640KB 常规内存检查失败	9 短	BIOS 检测错误
4 短	系统时钟出错	1 长 3 短	内存错误
5 短	CPU 错误	1 长 8 短	显示测试错误
6 短	键盘控制器错误	高频长响	CPU 过热警报

2. 通过观察确认故障

这种确认故障的方法又称为直接观察法，是指通过用眼睛看、手指摸、耳朵听、鼻子闻等手段来判断产生故障的位置和原因。

● **看**：看就是观察，目的是找出故障产生的原因，其主要表现在以下 5 个方面。一是观察是否有杂物掉进电路板的元件之间，元件上是否有氧化或腐蚀的地方。二是观察各元件的电阻或电容引脚是否相碰、断裂、歪斜。三是观察板卡的电路板上是否有虚焊、元件短路、脱焊、断裂等现象。四是观察各板卡插头与插座的连接是否正常，是否歪斜。五是观察主板或其他板卡的表面是否有烧焦痕迹，印制电路板上的铜箔是否断裂，芯片表面是否开裂，电容是否爆开等。

● **摸**：用手触摸元件表面的温度来判断元件是否正常工作，板卡是否安装到位，以及是否出现接触不良等现象。一是在设备运行时，触摸或靠近有关电子部件，如 CPU、主板等的外壳（显示器、电源除外），根据温度粗略判断设备运行是否正常。二是摸板卡，看是否有松动或接触不良的情况，若有应将其固定。三是触摸芯片表面，若温度很高甚至烫手，说明该芯片可能已经损坏。

● **听**：当计算机出现故障时，很可能会出现异常的声音。听电源和 CPU 的风扇、硬盘、显示器等设备工作时产生的声音，也可以判断是否产生故障及产生的原因。另外，如果电路发生短路，也会发出异常的声音。

● **闻**：有时计算机出现故障，会有烧焦的气味，这种情况说明某个电子元件已被烧毁，应尽快根据发出气味的地方确定故障区域并排除故障。

3. 通过软件确认故障

这种确认故障的方法又称为软件分析法，是指通过诊断测试卡、诊断测试软件、其他的一些诊断方法来确认计算机故障，使用这种方法判断计算机故障具有快速、准确的优点。

● **诊断测试卡**：诊断测试卡也叫 POST（Power On Self Test，即加电自检）卡，其工作原理是利用主板中 BIOS 内部程序的检测结果，通过主板诊断卡代码一一显示出来，结合诊断卡的代码含义速查表就能很快地知道计算机故障所在。尤其是在计算机不能引导操作系统、黑屏、喇叭不响时，使用 POST 卡更能体现其便利性，如图 9-11 所示。

● **诊断测试软件**：诊断测试软件很多，常用的有 Windows 优化大师、超级兔子、专业图形测试软件 3DMark 等。图 9-12 所示的 PCMark 是由美国最大的计算机杂志 PC Magazine 的 PC Labs 公司出版的一款具有很好口碑的系统综合性测试软件。

图 9-11　诊断测试卡　　　　　　　　　　图 9-12　PCMark

> **知识补充**
>
> **其他可以判断故障的软件**
>
> 　　各种安全防御软件，如病毒查杀软件和木马查杀软件也可以作为测试软件的一种，因为计算机安全受到威胁，同样也会出现各种故障，通过它们也能检查和判断计算机是否存在故障。

4. 通过清理灰尘确认故障

这种方法又称为清洁法，因为灰尘会影响主机部件的散热和正常运行，对机箱内部的灰尘进行清理也可确认并清除一些故障。

- **清洁灰尘**：因为灰尘可能引起计算机故障，所以保持计算机的清洁，特别是机箱内部各硬件的清洁是很重要的。清洁时，可用软毛刷刷掉主板上的灰尘，也可使用吹气球清除机箱内各部件上的灰尘，或使用清洁剂清洁主板和芯片等精密部件上的灰尘。
- **去除氧化**：用专业的清洁剂先擦去表面氧化层，如果没有清洁剂，用橡皮擦也可以。重新插接好后，开机检查故障是否排除，如果故障依旧，则证明是硬件本身出现了问题。这种方法对元件老化、接触不良、短路等故障相当有效。

5. 通过拔插硬件确认故障

拔插是一种比较常用的判断故障的方法，其主要是通过拔插板卡后观察计算机的运行状态来判断故障产生的位置和原因。如果拔出其他板卡，使用 CPU、内存和显卡的最小化系统仍然不能正常工作，那么故障很有可能是由主板、CPU、内存或显卡引起的。通过拔插还能解决一些由板卡与插槽接触不良造成的故障。

6. 通过对比确认故障

对比是指同时运行两台配置相同或类似的计算机，比较正常计算机与故障计算机在执行相同操作时的不同表现或各自的设置来判断故障产生的原因。这种方法在企业或单位计算机出现故障时比较常用，因为企业或单位的计算机很多，且可能由于是同批次购买，所以配置相同，使用这种方法检测故障比较方便快捷。

7. 通过万用表测量确认故障

在故障排除中，对电压和电阻进行测量也可以判断相应的部件是否存在故障。测量电压和电阻需要使用万用表，如果测量出某个元件的电压或电阻不正常，就说明该元件可能存在故障。图 9-13 所示为

扫一扫

高清大图

使用万用表测量计算机主板中的电子元件。

图 9-13　使用万用表测量

8. 通过替换硬件确认故障

替换是一种使用相同或相近型号的板卡、电源、硬盘、显示器以及外部设备等部件替换原来的部件以分析和排除故障的方法。替换部件后，如果故障消失，就表示被替换的部件存在问题。替换硬件主要有以下两种方法。

● **方法一**：将计算机硬件替换到另一台运行正常的计算机上试用，正常则说明这台计算机硬件没有问题；如果不正常，则说明这台计算机硬件可能有问题。

● **方法二**：用另一个确认是正常的同型号的计算机部件替换计算机中可能出现故障的部件，如果使用正常，就说明该部件有故障；如果故障依旧，就说明问题不在该部件上。

9. 通过最小化计算机确认故障

最小化计算机是指在计算机启动时，只安装最基本的部件，包括CPU、主板、显卡、内存，只连接显示器和键盘。如果计算机能够正常启动，就表明核心部件没有问题，然后逐步安装其他设备，这样可快速找出产生故障的部件。使用这种方法如果不能启动，则可根据发出的报警声来分析和排除故障。

（三）死机故障

死机是指无法启动操作系统，画面"定格"无反应、鼠标或键盘无法输入、软件运行非正常中断等情况。造成死机的原因一般是硬件与软件两个方面。

1. 硬件原因造成的死机

由硬件引起的死机主要有以下一些原因。

● **内存故障**：主要是内存条松动、虚焊或内存芯片本身质量所致。

● **内存容量不够**：内存容量越大越好，最好不小于硬盘容量的0.5%，过小的内存容量会使计算机不能正常处理数据，导致死机。

● **软硬件不兼容**：三维设计软件和一些特殊软件可能在部分计算机中不能正常启动或安装，其中可能有软硬件兼容方面的问题，这种情况可能会导致死机。

● **散热不良**：显示器、电源和CPU在工作中发热量非常大，因此保持良好的通风状态非常重要。工作时间太长容易使电源或显示器散热不畅，从而造成计算机死机，另外，CPU的散热不畅也容易导致计算机死机。

● **移动不当**：计算机在移动过程中受到很大震动，常常会使内部硬件松动，从而导致接触不良，引起计算机死机。

● **硬盘故障**：老化或使用不当造成硬盘产生坏道、坏扇区，计算机在运行时容易死机。

- **设备不匹配**：如主板主频和CPU主频不匹配，就可能无法保证计算机运行的稳定性，因而导致频繁死机。
- **灰尘过多**：机箱内灰尘过多也会引起死机故障，如软驱磁头或光驱激光头沾染过多灰尘后，会导致读写错误，严重的会引起计算机死机。
- **劣质硬件**：少数不法商家在组装计算机时，使用质量低劣的硬件，甚至出售假冒和返修过的硬件，配置这类硬件的计算机在运行时很不稳定，且发生死机也很频繁。

2. 软件原因造成的死机

由软件引起的死机主要有以下原因。

- **病毒感染**：病毒可以使计算机工作效率急剧下降，造成频繁死机的现象。
- **使用盗版软件**：很多盗版软件可能隐藏着病毒，一旦执行，会自动修改操作系统，使操作系统在运行中出现死机故障。
- **软件升级不当**：在升级软件的过程中，通常会将共享的一些组件也升级，但是其他程序可能不支持升级后的组件，从而导致死机。
- **启动的程序过多**：这种情况会使系统资源消耗殆尽，个别程序需要的数据在内存或虚拟内存中找不到，也会出现异常错误。
- **非正常关闭计算机**：不要直接使用机箱上的电源按钮关机，否则会造成系统文件损坏或丢失，使计算机在自动启动或运行中死机。
- **误删系统文件**：如果系统文件遭破坏或被误删除，即使在BIOS中，各种硬件设置正确无误，也会造成死机或无法启动。
- **应用软件缺陷**：这种情况非常常见，如在Windows 10操作系统中运行在Windows XP中运行良好的32位系统的应用软件。Windows 10是64位的操作系统，尽管兼容32位系统的软件，但有许多地方无法与32位系统的应用程序协调，从而导致死机。还有一些情况，如在Windows 7中正常使用的外设驱动程序，当操作系统升级到64位的Windows 10系统后，可能会出现问题，使系统死机或不能正常启动。

3. 预防死机故障的方法

对于系统死机的故障，可以通过以下方法处理。

- 在同一个硬盘中不要安装太多操作系统。
- 在更换计算机硬件时一定要插好，防止接触不良引起系统死机。
- 不要在大型应用软件运行状态下退出之前运行的程序，否则会引起系统死机。
- 在应用软件未正常退出时，不要关闭电源，否则会造成系统文件损坏或丢失，引起自动启动或运行中死机。
- 设置硬件设备时，最好检查有无保留中断号（IRQ），不要让其他设备使用该中断号，否则会引起中断冲突，从而造成系统死机。
- CPU和显卡等硬件不要超频过高，要注意散热和温度。
- 最好配备稳压电源，以免电压不稳引起死机。
- BIOS设置要恰当，虽然建议将BIOS设置为最优，但最优并不是最好的，有时最优的设置反倒会引起启动或运行死机。
- 来历不明的移动存储设备不要轻易使用，对于电子邮件中所带的附件，要用杀毒软件检查后再使用，以免感染病毒导致死机。
- 在安装应用软件的过程中，若出现对话框询问"是否覆盖文件"，最好选择不要覆盖。因为通常当前系统文件是最好的，不能根据时间的先后来决定覆盖文件。
- 在卸载软件时，不要删除共享文件，因为某些共享文件可能被系统或其他程序使用，一旦删除这些文件，会使其他应用软件无法启动而死机。
- 在加载某些软件时，要注意先后次序，由于有些软件编程不规范，因此要避免优先运行，建议放在最后运行，这样才不会引起系统管理混乱。

（四）蓝屏故障

计算机蓝屏又叫蓝屏死机（Blue Screen Of Death，BSOD），是指 Windows 操作系统无法从一个系统错误中恢复过来时所显示的屏幕图像，是一种特殊的死机故障。

1．蓝屏的处理方法

蓝屏故障产生的原因往往集中在不兼容的硬件和驱动程序、有问题的软件和病毒等上，下面提供了一些常规的解决方案，在遇到蓝屏故障时，应先对照这些方案进行排除，下列内容对安装 Windows Vista、Windows 7、Windows 8 和 Windows 10 的用户都有帮助。

- **重新启动计算机**：蓝屏故障有时只是某个程序或驱动偶然出错引起的，重新启动计算机后即可自动恢复。
- **检查病毒**：如"冲击波"和"振荡波"等病毒有时会导致 Windows 蓝屏死机，因此查杀病毒必不可少。另外，一些木马也会引发蓝屏，最好用相关工具软件扫描。
- **检查硬件和驱动**：检查新硬件是否插牢，这是容易被人忽视的问题。如果确认没有问题，则将其拔下，然后换个插槽试试，并安装最新的驱动程序，同时还应对照 Microsoft 官方网站的硬件兼容类别检查硬件是否与操作系统兼容。如果该硬件不在兼容表中，那么应到硬件厂商网站查询，或拨打电话咨询。
- **新硬件和新驱动**：如果刚安装完某个硬件的新驱动，或安装了某个软件，而它又在系统服务中添加了相应项目（如杀毒软件、CPU 降温软件和防火墙软件等），在重启或使用中出现了蓝屏故障，可到安全模式中卸载或禁用驱动或服务。
- **运行"sfc/scannow"**：运行"sfc/scannow"检查系统文件是否被替换，然后用系统安装盘来恢复。
- **安装最新的系统补丁和 Service Pack**：有些蓝屏是 Windows 本身存在缺陷造成的，可安装最新的系统补丁和 Service Pack 来解决。
- **查询停机码**：把蓝屏中的内容记录下来，进入 Microsoft 帮助与支持网站输入停机码，找到有用的解决案例。另外，也可在百度或 Google 等搜索引擎中使用蓝屏的停机码搜索解决方案。
- **最后一次正确配置**：一般情况下，蓝屏都是出现在安装硬件驱动或新加硬件并安装驱动后，这时 Windows 提供的"最后一次正确配置"功能就是解决蓝屏故障的快捷方式。重新启动操作系统，在出现启动菜单时按【F8】键会出现高级启动选项菜单，选择"最后一次正确配置"选项进入系统即可。

2．预防蓝屏故障的方法

对于系统蓝屏故障，可以通过以下方法预防。

- 定期升级操作系统、软件和驱动。
- 定期对重要的注册表文件进行备份，避免系统出错后，未能及时替换成备份文件而产生不可挽回的损失。
- 定期用杀毒软件进行全盘扫描，清除病毒。

- 尽量避免非正常关机，减少重要文件的丢失，如 .dll 文件等。
- 对于普通用户而言，系统能正常运行，可不必升级显卡、主板的 BIOS 和驱动程序，避免升级造成的故障。

（五）自动重启故障

计算机自动重启是指在没有进行任何启动计算机的操作下，计算机自动重新启动，这种情况通常也是一种故障，其诊断和处理方法如下。

1. 由软件原因引起的自动重启

软件原因引起的自动重启比较少见，通常有以下两种。

- **病毒控制：** "冲击波"病毒运行时会提示系统将在 60s 后自动启动，这是因为木马程序从远程控制了计算机的一切活动，并设置计算机重新启动。排除方法为清除病毒、木马或重装系统。
- **系统文件损坏：** 操作系统的系统文件被破坏，如 Windows 下的 KERNEL32.dll，系统在启动时无法完成初始化而强制重新启动。排除方法为覆盖安装或重装操作系统。

2. 由硬件原因引起的自动重启

硬件原因是引起计算机自动重启的主要原因，通常有以下 5 种。

- **电源原因：** 组装计算机时选购价格便宜的电源，是引起系统自动重启的最大嫌疑之一，这种电源可能由于输出功率不足、直流输出不纯、动态反应迟钝和超额输出等原因，导致计算机经常性的死机或重启。排除方法为更换大功率电源。
- **内存原因：** 通常有两种情况，一种是热稳定性不强，开机后温度一旦升高就死机或重启；另一种是芯片轻微损坏，当运行一些 I/O 吞吐量大的软件（如媒体播放、游戏、平面 /3D 绘图）时会重启或死机。排除方法为更换内存。
- **CPU 原因：** 通常有两种情况，一种是由于机箱或 CPU 散热不良；另一种是 CPU 内部的一二级缓存损坏。排除方法为在 BIOS 中屏蔽二级缓存（L2）或一级缓存（L1），或更换 CPU。
- **外设原因：** 通常有两种情况，一种是外部设备本身有故障或与计算机不兼容；另一种是热拔插外部设备时，抖动过大，引起信号或电源瞬间短路。排除方法为更换设备，或找专业人员维修。
- **Reset 开关原因：** 通常有 3 种情况，第一种是内 Reset 键损坏，开关始终处于闭合位置，系统无法加电自检；第二种是当 Reset 开关弹性减弱，按钮按下去不易弹起时，会出现开关稍有振动就闭合的现象，导致系统复位重启；第三种是机箱内的 Reset 开关引线短路，导致主机自动重启。排除方法为更换开关。

3. 由其他原因引起的自动重启

还有一些非计算机自身原因也会引起自动重启，通常有以下 2 种情况。

- **市电电压不稳：** 通常有两种情况，一种是由于计算机的内部开关电源工作电压范围一般为 170~240V，当市电电压低于 170V 时，会自动重启或关机，排除方法为添加稳压器（不是 UPS）；另一种是计算机和空调、冰箱等大功耗电器共用一个插线板，在这些电器启动时，供给计算机的电压会受到很大的影响，往往表现为系统重启，排除方法为把供电线路分开。
- **强磁干扰：** 这些干扰既有来自机箱内部各种风扇和其他硬件的干扰，也有来自外部的动力线、变频空调甚至汽车等大型设备的干扰。如果主机的抗干扰性能差，就会出现主机意外重启的现象。排除方法为远离干扰源，或更换防磁机箱。

三、任务实施——使用最小化计算机检测故障

使用最小系统法检测计算机是否存在故障，主要包括保留主板、显卡、内存、CPU 进行故障检测和保留主板进行检测两大步操作，最后逐一检测硬件，具体操作如下。

扫一扫
高清大图

（1）将硬盘、光驱等部件取下，然后加电启动，如果计算机不能正常运行，就说明故障出在系统本身，于是将目标集中在主板、显卡、CPU 和内存上，如图 9-14 所示。如果能启动，则将目标集中在硬盘和操作系统上。

（2）将计算机拆卸为只有主板、喇叭及开关电源组成的系统，如图 9-15 所示，如果打开电源后系统有报警声，就说明主板、喇叭及开关电源基本正常。

图 9-14　用最小系统排除计算机故障　　图 9-15　拆卸后的主板

（3）逐步加入其他部件扩大最小系统，在扩大最小系统的过程中，若发现加入某部件后，计算机运行由正常变为不正常，就说明刚刚加入的计算机部件有故障，找到了故障根源后，更换该部件即可。

任务二　排除计算机故障

计算机一旦出现故障，将会影响正常的工作或学习，如果能够很快排除故障，就能恢复正常工作，所以学习一些排除计算机故障的知识是非常重要的。

一、任务目标

学习排除计算机故障的原则、步骤、注意事项，并通过具体实例讲解各种常见的计算机故障的排除方法。通过本任务的学习，可以掌握排除计算机故障的基本操作。

二、相关知识

（一）排除故障的基本原则

排除计算机故障时，应遵循正确的处理原则，切忌盲目动手，以免造成故障扩大化。故障处理的基本原则大致如下。

- **仔细分析**：在动手处理故障之前，应先根据故障的现象分析该故障的类型，以及应选用哪种方法进行处理，切忌盲目动手，扩大故障。

- **先软后硬**：在计算机故障中，排除软件故障比排除硬件故障更容易，所以排除故障应遵循"先软后硬"的原则，即首先分析操作系统和软件是否是故障产生的原因，可以通过检测软件或工具软件排除软件故障，然后开始检查硬件的故障。

- **先外后内**：首先检查外部设备是否正常（如打印机、键盘、鼠标等是否存在故障），然后查看电源、信号线的连接是否正确，再排除其他故障，最后拆卸机箱，检查内部的主机部件是否正常，尽可能不盲目拆卸部件。

- **多观察**：充分了解计算机所用的操作系统和应用软件的相关信息，以及产生故障部件的工作环境、工作要求和近期所发生的变化等情况。

- **先假后真**：有时候计算机并没有出现真正的故障，只是由于电源没开或数据线没有连接等原因造成存在故障的"假象"，排除故障时，先确定该硬件是否确实存在故障，检查各硬件之间的连线是否正确，安装是否正确。

- **归类演绎**：在处理故障时，应善于运用已掌握的知识或经验，将故障分类，然后寻找相应的方法进行处理。在故障处理之后，还应认真记录故障现象和处理方法，以便日后查询并借此不断提高自身的故障处理水平。

- **先电源后部件**：主机电源是计算机正常运行的关键，遇到供电等故障时，应先检查电源连接是否松动、电压是否稳定、电源工作是否正常等，再检查主机电源功率能否使各硬件稳定运行，然后检查各硬件的供电及数据线连接是否正常。

- **先简单后复杂**：先排除简单易修故障，再排除困难的、较难解决的故障。有时将简单故障排除之后，较难解决的故障也会变得容易排除，逐渐使故障简单化。但是如果是电路虚焊和芯片故障，就需要专业维修人员进行维修，贸然维修可能导致硬件报废。

（二）排除故障的一般步骤

在计算机出现故障时，首先需要判断问题出在哪个方面，如系统、内存、主板、显卡和电源等问题，如果无法确定，则需要按照一定的顺序来确认故障。图9-16所示为一台计算机从开机到使用的过程中，判断故障所在部位的基本方法。

图9-16　排除故障的一般步骤

（三）排除故障的注意事项

排除计算机故障时，还有一些具体的操作需要注意，以保证故障能顺利排除。

1. 保证良好的工作环境

在排除故障时，一定要保证良好的工作环境，否则可能会因为环境原因造成故障排除不成功，甚至加大故障。一般在排除故障时应注意以下两个方面。

● **洁净明亮的环境：** 洁净的目的是避免将拆卸下来的电子元件弄脏，影响故障的判断；保持环境明亮的目的是便于排除一些较小的电子元件的故障。

● **远离电磁环境：** 计算机对电磁环境的要求较高，在排除故障时，要注意远离电磁场较强的大功率电器，如电视和冰箱等，以免这些电磁场对故障排除产生影响。

2. 安全操作

安全性主要是指排除故障时，用户自身的安全和计算机的安全。计算机所带的电压足以对人体造成伤害，要做到安全排除计算机故障，应该注意以下两个安全问题。

● **不带电操作：** 在拆卸计算机进行检测和维修时，一定要先将主机电源拔掉，然后做好相应的安全保护措施。除 SATA 接口和 USB 接口的硬件外，不要进行热拔插，以保证设备和用户自身的安全。

● **小心静电：** 为了保护用户自身和计算机部件的安全，在进行检测和维修之前，应将手上的静电释放，最好戴上防静电手套，如图 9-17 所示。

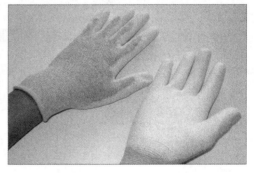

图 9-17　洗手释放静电和戴防静电手套

3. 小心"假"故障

在故障排除的基本原则中有一条是先假后真，主要是指有时候计算机会出现一些由于操作不当造成的"假"故障。造成这种现象的原因主要有以下 4 个方面。

● **电源开关未打开：** 有些初学者，一旦显示器不亮就认为出现故障，殊不知是显示器的电源没有打开。计算机的许多部件都需要单独供电，如显示器，工作时应先打开其电源。如果启动计算机后这些设备无反应，则首先应检查是否已打开电源。

● **操作和设置不当：** 对于初学者来说，操作和设置不当引起的假故障表现得最为明显。对基本操作和设置的细节问题不太注意或完全不懂，很容易导致出现"假"故障现象。例如，不小心删除拨号连接导致不能上网时认为是网卡故障，设置了系统休眠认为是计算机黑屏等。

● **数据线接触不良：** 各种外设与计算机之间，以及主机中各硬件与主板之间，都是通过数据线连接的，数据线接触不良或脱落都会导致某个设备工作不正常。例如，系统提示"未发现鼠标"或"找不到键盘"，那么首先应检查鼠标或键盘与计算机的接口是否有松动的情况。

● **对正常提示和报警信息不了解**：操作系统的智能化逐步提高，一旦某个硬件在使用过程中遇到异常情况，就会给出一些提示和报警信息，如果不了解这些正常的提示或报警信息，就会认为设备出了故障。例如，U 盘虽然可以热插拔，但 Windows 10 中有热插拔的硬件提示，退出时应该先单击 ▇ 按钮，在系统提示可以安全移除硬件时，才能拔去 U 盘，否则直接拔出 U 盘，可能会因电流冲击而损坏 U 盘。

三、任务实施

（一）排除操作系统故障

1. 关闭计算机时自动重新启动

在 Windows 10 操作系统中关闭计算机时，可能出现计算机重新启动的故障。产生此类故障一般是由于用户在不经意间或利用一些设置系统的软件时，使用了 Windows 系统的快速关机功能。排除该故障的具体操作如下。

微课视频
关闭计算机时自动重新启动

（1）在 Windows 10 操作系统界面中，按【Win+R】组合键，打开"运行"对话框，在"打开"下拉列表框中输入"gpedit.msc"，按【Enter】键，打开"本地组策略编辑器"窗口，依次展开"计算机配置""管理模板""系统""关机选项"选项，双击"关闭会阻止或取消关机的应用程序的自动终止功能"选项，如图 9-18 所示。

（2）打开"关闭会阻止或取消关机的应用程序的自动终止功能"对话框，单击选中"已启用"单选项，单击"确定"按钮，如图 9-19 所示。

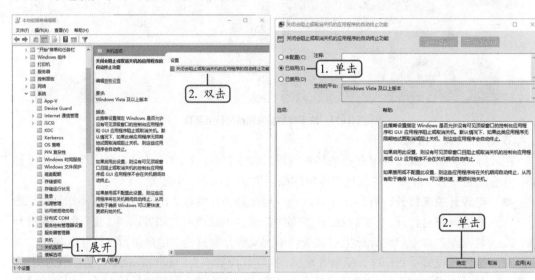

图 9-18　选择组策略　　　　　　　　　图 9-19　设置选项

2. 进入安全模式排除系统故障

Windows 10 的很多系统故障可以通过安全模式来排除，Windows 10 操作系统进入安全模式与其他版本 Windows 操作系统不同，方法是在 Windows 10 操作系统界面中单击"开始"按钮，选择"Windows 系统 / 运行"命令，在打开的"运行"对话框的文本框中输入"msconfig"，按【Enter】键，在打开的对话框中单击"引导"选项卡，在"引导选项"栏中勾选"安全引导"

复选框，并勾选"最小"单选项，单击"应用"和"确定"按钮，在弹出的提示框中单击"重新启动"按钮，重启计算机自动进入安全模式，如图 9-20 所示。

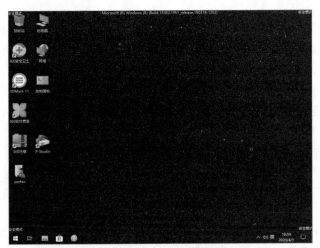

图 9-20　Windows 10 操作系统的安全模式

进入安全模式能够排除的系统故障如下。

● **删除顽固文件**：在 Windows 正常模式下删除一些文件或清除回收站时，系统可能会提示"文件正在被使用，无法删除"，此时可在安全模式下将其删除。因为在安全模式下，Windows 会自动释放这些文件的控制权。

● **病毒查杀**：在 Windows 系统中杀毒时，有很多病毒无法清除，而在 DOS 系统下杀毒软件无法运行。这时可以启动安全模式，使 Windows 系统只加载必要的驱动程序，把病毒彻底清除。

● **修复系统故障**：如果 Windows 运行起来不太稳定或无法正常启动，可以试着重新启动计算机并切换到安全模式来排除故障，特别是由注册表问题引起的系统故障。

● **找出恶意的自启动程序或服务**：如果计算机出现一些莫明其妙的错误，如无法上网，按常规思路又查不出问题，可启动到带网络连接的安全模式下看看，如果在该模式中网络连接正常，则说明是某些自启动程序或服务影响了网络的正常连接。

● **卸载不正确的驱动程序**：显卡和硬盘的驱动程序一旦出错，可能进入 Windows 界面就死机；一些主板的补丁程序也是如此。在这种情况下，可以进入安全模式删除不正确的驱动程序。

（二）排除 CPU 故障

1. 温度太高导致系统报警

故障表现：计算机新升级了主板，在开始格式化硬盘时，系统喇叭发出刺耳的报警声。

故障分析与排除：打开机箱，用手触摸 CPU 的散热片，发现温度不高，主板的主芯片也只是微温。仔细检查一遍，没有发现问题。再次启动计算机后，在 BIOS 的硬件检测里查看 CPU 的温度为 95℃，但是用手触摸 CPU 的散热片，温度却不高，说明 CPU 有问题。通常主板测量的是 CPU 的内核温度，而有些没有使用原装风扇的 CPU 的散热片和内核接触不好，造成内核的温度很高，而散热片却是正常的温度。拆下 CPU 的散热片，发现散热片和芯片之间贴着一片像塑料的东西，清除沾在芯片上的塑料，然后涂一层薄薄的硅胶，再安装好散热片，重新插到主板上检查 CPU 温度，一切正常。

2. CPU 使用率高达 100%

故障表现：在使用 Windows 10 操作系统时，系统运行变慢，查看"任务管理器"发现 CPU 占用率达到 100%。

故障分析与排除：经常出现 CPU 占用率达 100% 的情况，主要可能是由以下原因引起的。

- **杀毒软件造成故障**：很多杀毒软件都加入了对网页、插件和邮件的随机监控功能，这无疑增大了操作系统的负担，造成 CPU 占用率达到 100%。只能尽量使用最少的实时监控服务，或升级硬件配置，如增加内存或使用更好的 CPU。
- **驱动没有经过认证造成故障**：现在网络中有大量测试版的驱动程序，安装后会引起难以发现的故障，尤其是显卡驱动要特别注意。排除这种故障，建议使用 Microsoft 认证的或由官方发布的驱动程序，并且严格核对型号和版本。
- **病毒或木马破坏造成故障**：如果大量的蠕虫病毒在系统内部迅速复制，则很容易造成 CPU 占用率居高不下。解决办法是用可靠的杀毒软件彻底清理系统内存和本地硬盘，并打开系统设置软件，查看有无异常启动的程序。
- **"svchost"进程造成故障**："svchost．exe"是 Windows 操作系统的一个核心进程，Windows XP 中 svchost.exe 进程为 4 个或 4 个以上，Windows 7 中最多可达 17 个，Windows 10 中则可多达 70 多个，该进程过多很容易造成 CPU 占用率提高。

（三）排除主板故障

1. 主板变形导致无法工作

故障表现：对一块主板进行维护清洗后，发现主板电源指示灯不亮，计算机无法启动。

故障分析与排除：由于进行了清洗，所以怀疑主板上有水，导致电源损坏，更换电源后，故障仍然存在。于是怀疑电源对主板供电不足，导致主板不能正常通电工作，换一个新的电源后，故障仍然没有排除。最后怀疑安装主板时，螺钉拧得过紧引起主板变形，将主板拆下，仔细观察后发现主板已经发生了轻微变形。主板两端向上翘起，而中间相对下陷，这很可能就是引起故障的原因。将变形的主板矫正后，再将其装入机箱，通电后故障排除。

2. 电容故障导致无法开机

故障表现：有一块主板，使用两年多后突然点不亮了，表现为打开电源开关后，电源风扇和 CPU 风扇都正常运行，但是光驱和硬盘没有反应，等上几分钟后计算机才能加电启动，启动后一切正常。重新启动也没有问题，但是一关闭电源，再开机就要像前面一样等上几分钟。

故障分析与排除：开始以为是电源问题，替换后故障依旧，更换主板后一切正常，说明是主板有问题。从故障现象分析，主板在加电后可以正常工作，说明主板芯片完好，问题可能出在主板的电源部分上。但是电源风扇和 CPU 风扇运转正常，说明总的供电正常。加电运行几分钟后断电，经闻无异味，手摸电源部分的电子元件，发现 CPU 旁的几个电容和电感的温度极高。因为电解电容长期在高温下工作会造成电解质变质，从而使容量发生变化，所以判断是这两个电容有问题。排除故障的方法是仔细将损坏的电容焊下，将新买回来的电容重新焊上去，焊好了电容后，不要安装 CPU，应该先加电测试，试了几分钟，温度正常。于是装上 CPU，加电，屏幕立刻就亮了。多试几次，并注意电容的温度，这样连续开机几个小时都没有出现问题，故障排除。

（四）排除内存故障

1. 金手指氧化导致文件丢失

故障表现：一台计算机安装的是 Windows 10 操作系统，一次在启动计算机的过程中提示"pci.sys"文件损坏或丢失。

故障分析与排除：首先怀疑是操作系统损坏，准备利用 Windows 10 的系统故障恢复控制台来修复，可是使用 Windows 10 的安装光盘启动进入系统故障恢复控制台后系统死机。由于曾用 Ghost 给系统做过镜像，所以用 U 盘启动进入 DOS，运行 Ghost 将以前保存在 D 盘上的镜像恢复。重启后系统还是提示文件丢失。最后只能格式化硬盘重新安装操作系统，但是在安装过程中，频繁出现文件不能正常复制的提示，安装不能继续。最后进入 BIOS，将其设置为默认值（此时内存测试方式为完全测试，即内存每兆容量都要进行测试）后，重启准备再次安装，但是在测试内存时发出报警声，内存测试没有通过。将内存取下后发现内存条上的金手指已有氧化痕迹，用橡皮擦将其擦除干净，重新插入主板的内存插槽中，启动计算机自检通过，再恢复原来的 Ghost 镜像文件，重新启动，故障排除。

2. 散热不良导致死机

故障表现：为了更好地散热，将 CPU 风扇更换为超大号的，结果经常是使用一段时间后就死机，格式化并重新安装操作系统后故障仍然存在。

故障分析与排除：由于重新安装过操作系统，所以确定不是软件方面的原因，打开机箱后发现，由于 CPU 风扇离内存太近，其吹出的热风直接吹向内存条，造成内存工作环境温度太高，导致内存工作不稳定，以致死机。将内存重新插在离 CPU 风扇较远的插槽上，重启后死机现象消失。

（五）排除硬盘故障

1. 固态硬盘损坏导致无法正常工作

故障表现：一块使用年限较长的固态硬盘，最近经常出现文件无法读或取、文件系统需要修复蓝屏提示、启动系统时频繁死机崩溃，以及变成只读，拒绝写入操作等各种故障。

故障分析与排除：有的固态硬盘的使用期限其实是比机械硬盘短的，在其发生重大故障之前，最早出现的微小故障通常并不明显，但会逐渐累积直到临界值。以上多种故障现象的出现，说明该硬盘已经到达使用寿命的晚期，需要用户及时做好数据备份，并尽快更换硬盘。

2. 开机检测硬盘出错

故障表现：开机时检测硬盘有时失败，显示"primary masterharddiskfail"，有时能检测通过正常启动。

故障分析与排除：可以按照以下顺序维修，检查硬盘数据线是否松动，并换新的数据线试试。若未出问题，则把硬盘换到其他计算机中测试，确认数据线和接口没问题。若未出问题，则换一个好的电源测试。若未出问题，则认真检查硬盘的电路板，如果有烧坏的痕迹，则需要尽快送修。

（六）排除显卡故障

1. 显示花屏

故障表现：在计算机日常使用中，显卡造成的故障主要表现为显示花屏，任意按键均无反应。

故障分析与排除：产生花屏的原因包括以下 3 种，一是显示器或显卡不能支持高分辨率，显示器分辨率设置不当，解决办法为将启动模式切换到安全模式，重新设置显示器的显示模式；二是显卡的主控芯片散热效果不良，解决办法为改善显卡风扇的散热效能；三是显存损坏，解决办法为更换显存，或直接更换显卡。

2. 死机

故障表现：计算机在启动或运行过程中突然死机。

故障分析与排除：导致计算机突然死机的原因很多，就显卡而言，常见的原因是与主板不兼容、接触不良或与其他扩展卡不兼容，甚至是驱动问题等。如果是在玩游戏、处理 3D 时出现死机的故障，在排除散热问题后，可以先尝试更换显卡驱动（最好是通过 WHQL 认证的驱动）。如果一开机就死机，则需要先检查显卡的散热问题，用手摸一下显存芯片的温度，检查显卡的风扇是否停转。再看看主板上的显卡插槽中是否有灰尘，金手指是否被氧化，然后根据具体情况清理灰尘，用橡皮擦把金手指氧化部分擦亮。如果确定散热有问题，就需要更换散热器或在显存上加装散热片。如果是长时间停顿或死机，一般是电源或主板插槽供电不足引起的，建议更换电源排除故障。

（七）排除鼠标故障

故障表现：在使用过程中经常出现指针"僵死"的情况。

故障分析与排除：该故障可能是因为死机，与主板接口接触不良，鼠标开关设置错误，在 Windows 中选择了错误的驱动程序，鼠标的硬件故障，驱动程序不兼容或与另一串行设备发生中断冲突等引起。在出现鼠标指针"僵死"现象时，一般可按以下步骤检查和处理。

（1）检查计算机是否死机，死机则重新启动；如果没有死机，则拔插鼠标与主机的接口，然后重新启动。

（2）检查"设备管理器"中鼠标的驱动程序是否与所安装的鼠标类型相符。

（3）检查鼠标底部是否有模式设置开关，如果有，则试着改变其位置，然后重新启动系统。如果还没有解决问题，则把开关拨回原来的位置。

（4）检查鼠标的接口是否有故障，如果没有，可拆开鼠标底盖，检查光电接收电路系统是否有问题，并采取相应的措施。

（5）检查"系统 / 设备管理器"中是否存在与鼠标设置及中断请求（IRQ）发生冲突的资源，如果存在冲突，则重新设置中断地址。

（6）检查鼠标驱动程序与另一串行设备的驱动程序是否兼容，如不兼容，则需断开另一串行设备的连接，并删除驱动程序。

（7）将另一只正常的相同型号的鼠标与主机相连，重新启动系统查看鼠标的使用情况。

（8）如果以上方法仍不能解决，则怀疑主板接口电路有问题，只能更换主板或找专业维修人员维修。

（八）排除键盘故障

故障表现：系统不能识别键盘，开机自检后系统显示"键盘没有检测到"或"没有安装键盘"的提示。

故障分析与排除：这种故障可能是由接触不良、键盘模式设置错误、键盘的硬件故障、感染病毒、主板故障等引起，可按照以下步骤逐步解决。

（1）用杀毒软件对系统进行杀毒，重新启动后，检查键盘驱动程序是否完好。

（2）用替换法将另一只正常的相同型号的键盘与主机连接，再开机启动查看。

（3）检查键盘是否有模式设置开关，如果有，则试着改变其位置，重新启动系统。若没解决问题，则把开关拨回原位。

（4）拔下键盘与主机的接口，检查接触是否良好，然后重新启动查看。

（5）拔下键盘的接口，换一个接口插上去，并把 CMOS 中对接口的设置做相应的修改，重新开机启动查看。

（6）如还不能使用键盘，则说明是键盘的硬件故障引起的，检查键盘的接口和连线有无问题。

（7）检查键盘内部的按键或无线接收电路系统有无问题。

（8）重新检测或安装键盘及驱动程序后再试。

（9）检查 BIOS 是否被修改，如被病毒修改应重新设置，然后再次开机启动。

（10）若经过以上检查后故障仍存在，则可能是主板线路有问题，只能找专业人员维修。

实训　检测计算机硬件设备

【实训要求】

利用鲁大师和操作系统的设备管理器，检测计算机的各种硬件，查看是否存在问题，通过本实训，进一步加深对各种计算机硬件的了解。

微课视频

检测计算机硬件设备

【实训思路】

完成本实训主要包括使用鲁大师检测计算机中各硬件的情况，然后对比设备管理器中各硬件的情况两大步操作，其操作思路如图 9-21 所示。

① 鲁大师测试

② 设备管理器中的硬件情况

图 9-21　检测计算机硬件的操作思路

【步骤提示】

（1）下载并安装鲁大师，启动软件，对计算机硬件进行检测，分别查看各个硬件的相关信息，包括型号、生产日期和生产厂家等。

（2）单击"温度管理"选项卡，对硬件的温度进行检测，并测试温度压力。

（3）单击"性能测试"选项卡，对计算机性能进行测试，并得出分数。

（4）在 Windows 10 操作系统界面中按【Win+R】组合键，在打开的"运行"对话框的"打开"下拉列表框中输入"devmgmt.msc"，按【Enter】键。

（5）打开"设备管理器"对话框，单击各硬件对应的选项，对比前面检测的结果。

课后练习

（1）按照本项目讲解的故障排除方法，对一台计算机进行一次全面的故障诊断。

（2）找到一台出现了故障的计算机，根据本项目所学知识，判断故障的原因。

（3）根据本项目介绍的知识，分别下载测试软件测试计算机硬件。

（4）找到一台出现故障的计算机，判断并排除故障。

技能提升

1. 计算机维修前收集资料

找到故障的根源后，用户需要收集该硬件的相关资料，主要包括计算机的配置信息、主板型号、CPU型号、BIOS版本、显卡的型号和操作系统版本等，该操作有利于判断是否是兼容性问题或版本问题引起的故障。另外，可以到网上收集排除该类故障的相关方法，借鉴别人的经验，有可能找到更好更快的故障排除方案。

2. Windows 10操作系统自带的故障处理功能

在计算机或操作系统出现问题时，可以利用Windows 10操作系统自带的故障检测和处理功能来检测和排除故障，具体操作如下。

（1）单击"开始"按钮，在打开的开始菜单中选择"Windows系统/控制面板"命令。

（2）打开"控制面板"窗口，在"系统和安全"选项中单击"查看你的计算机状态"超链接。

（3）打开"查看最新消息并解决问题"窗口，如果检测到有问题，在其中单击需要处理的故障对应的超链接，Windows 10操作系统开始检测相关问题，并打开"解决方案"对话框，用户根据该对话框中的提示排除故障即可。

3. 处理硬件故障的注意事项

在拆装零部件的过程中，一定要先将电源拔去，最好不要带电插拔硬件设备，以免损坏计算机。维修时要注意静电对计算机的损坏，尤其是在干燥的冬天，手上通常都带有静电，在接触计算机部件前要消除静电。在开始维修前，先准备各种常见的硬件工具和软件工具，否则会在维修的过程中因缺少某个必备的工具而无法继续进行。

4. 如何成为排除故障的高手

要成为排除故障的高手，首先必须掌握一定的硬件知识，随时关心计算机硬件的发展方向和趋势，可以通过各种计算机杂志或上网来获得这方面的知识。在排除计算机故障时，应做到知己知彼，熟悉故障计算机的配置，仔细观察故障发生时的现象，做到心中有数。最后还应善于归纳演绎，运用已有的知识和经验将计算机故障分类，并寻找相应的对策和方法。还要善于总结经验，每一个排除故障的高手并不全是从书中"修炼"成的，最主要的是要多实践，多总结经验及教训，甚至可以记排除故障的笔记，不断提高维修水平。

项目十

综合实训

10

实训一 模拟设计不同用途的计算机配置

【实训要求】

通过实训掌握计算机各种硬件选购的相关知识,具体要求如下。

- 了解计算机各种硬件的性能参数。
- 熟练掌握选购各种硬件的方法。
- 熟练掌握各种硬件搭配,并为特定用户提供组装计算机的方案。

微课视频

模拟设计不同用途的
计算机配置

【实训步骤】

(1)选择硬件。通过中关村模拟在线装机中心选择相应的硬件。

(2)生成报价单。拟定4套不同的装机配置方案(4套方案分为普通办公型、游戏影音型、网吧常用型和学生经济型),并生成新的报价单。

(3)参考网上方案。在"中关村在线"网站中参考各种模拟装机方案。

【实训参考效果】

在本次实训中,选择硬件是最主要的步骤,其参考效果如图10-1所示。

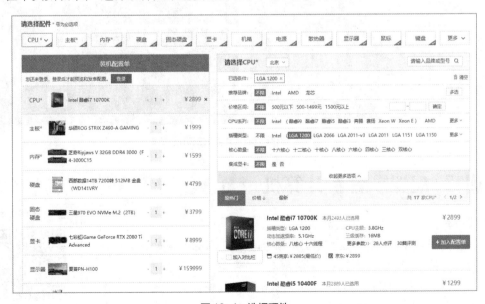

图10-1 选择硬件

实训二　拆卸并组装一台计算机

【实训要求】

通过实训掌握组装一台计算机的操作，具体要求如下。

- 熟练掌握拆卸和组装外部设备连接的顺序和操作。
- 熟练掌握拆卸和组装计算机主机中各设备的顺序和操作。
- 了解组装计算机操作过程中的各种注意事项。

微课视频
拆卸并组装一台
计算机

【实训步骤】

（1）断开外部连接。分别断开显示器和主机的电源开关，并拔掉显示器的电源线和数据线，拔掉连接主机的电源线、鼠标线、键盘线、音频线及网线等。

（2）拆卸计算机主机硬件。打开机箱的侧面板，拆卸掉所有PCI扩展卡和显卡，拔掉光驱和硬盘的数据线及电源线，拆卸光驱和硬盘，拆卸内存，拆卸CPU，拔掉主板上的各种信号线，最后拆卸主板，并为这些硬件清理灰尘，放置在一起。

（3）组装计算机主机。将CPU、CPU风扇和内存安装到主板上，安装主板，将各种PCI扩展卡和显卡依次安装到主板上，安装光驱和硬盘，为光驱和硬盘连接数据线和电源线，为主板连接所有信号线，检查机箱内的所有连接，确认无误后安装机箱侧面板。

（4）连接计算机外部设备。连接主机的鼠标线、键盘线、音频线及网线，连接主机的电源线，连接显示器的电源线和数据线，开机测试。

【实训参考效果】

本实训拆卸和组装计算机主机硬件的参考效果如图10-2所示。

图10-2　拆卸和组装计算机主机的效果

实训三　配置一台新计算机

【实训目的】

通过实训掌握组装好计算机后的一系列操作，具体要求如下。

- 熟练掌握BIOS设置的相关操作。
- 熟练掌握对硬盘进行分区和格式化硬盘的操作。
- 熟练掌握安装操作系统、驱动程序和应用软件的操作。

微课视频
配置一台新计算机

【实训步骤】

（1）设置 BIOS。进入 BIOS，设置系统日期和时间，设置系统的启动顺序（首先是 USB 设备，然后是光驱，最后是硬盘），设置 BIOS 用户密码，最后保存所有设置并退出。

（2）硬盘分区。使用 U 盘启动计算机，通过 U 盘启动 DiskGenius，对硬盘进行分区（分为 4 个分区，1 个主分区和 3 个逻辑分区）。

（3）格式化硬盘。继续使用 DiskGenius 格式化硬盘分区。

（4）安装操作系统。将 Windows 10 的安装文件下载到 U 盘中，通过 U 盘进入 Windows PE，安装操作系统。

（5）安装驱动程序。安装主板驱动程序、安装显卡驱动程序、安装声卡驱动程序、安装网卡驱动程序、安装打印机驱动程序。

（6）安装各种软件。安装驱动人生和 Office 办公软件、安装 360 杀毒和 360 安全卫士软件、安装 WinRAR 压缩软件、安装 QQ 实时通信软件。

【实训参考效果】

本实训的操作较多，其各个步骤的参考效果如图 10-3 所示。

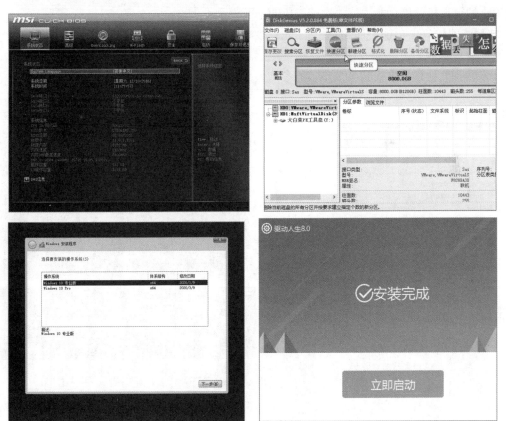

图 10-3　配置计算机的参考效果

实训四　安全维护计算机

【实训要求】

微课视频

安全维护计算机

通过实训掌握使用软件对计算机进行安全维护的操作，具体要求如下。

● 了解计算机安装维护的重要性和相关知识。

● 熟练掌握计算机优化与备份的相关操作。

● 熟练掌握利用360安全卫士和360杀毒维护计算机的操作。

【实训步骤】

（1）优化操作系统。主要是在"任务管理器"对话框中取消多余的启动项。

（2）使用Ghost备份操作系统。使用U盘启动计算机，使用其中的Ghost软件对系统盘进行备份。

（3）使用Ghost还原操作系统。使用Ghost软件根据前面创建的镜像文件还原操作系统。

（4）使用360安全卫士维护操作系统。先使用360安全卫士设置木马防火墙和查杀计算机中的木马，然后修复操作系统的漏洞，接着修复系统和清理垃圾文件，最后使用360安全卫士的计算机体检功能进行一次计算机的全面安全维护。

（5）使用360杀毒维护操作系统。先升级病毒库，然后对计算机进行一次全盘病毒查杀。

【实训参考效果】

本实训的操作较多，其各个步骤的参考效果如图10-4所示。

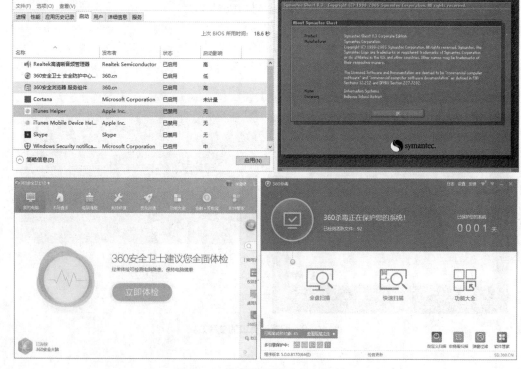

图10-4　安全维护计算机的参考效果